新疆自然观察指南

邢睿　丫丫　编著

图书在版编目(CIP)数据

新疆自然观察指南/邢睿,丫丫编著.—北京:商务印书馆,2022
(自然观察丛书)
ISBN 978-7-100-20577-1

Ⅰ.①新… Ⅱ.①邢…②丫… Ⅲ.①动物—新疆—普及读物②植物—新疆—普及读物 Ⅳ.①Q958.524.5 ②Q948.524.5-49

中国版本图书馆CIP数据核字(2021)第276652号

新疆自然观察指南
邢睿 丫丫 编著

商务印书馆出版
(北京王府井大街36号 邮政编码100710)
商务印书馆发行
北京中科印刷有限公司印刷
ISBN 978-7-100-20577-1

2022年10月第1版 开本880×1230 1/32
2022年10月北京第1次印刷 印张9¼
定价:88.00元

序言一

和邢睿、丫丫相识于2015年在青海玉树召开的雪豹论坛上。他们展示了“荒野新疆”的志愿者们对天山雪豹的研究和观察，给我留下了“惊艳”的印象。这是国内雪豹保护机构的第一次聚会，会上大家共同商讨，成立了“雪豹中国”——中国民间雪豹研究与保护的网络。

2016年，在邢睿和丫丫的推动下，第二届“雪豹中国”论坛得以在天山脚下举办。那次的新疆之行，让我对“荒野新疆”有了更加深入的了解：观鸟“追”兽，志愿者活动，对天山雪豹的首次监测和白头硬尾鸭的保护小区。这个始于户外活动、由热爱自然的志愿者组成的团体，正在成长为具备科学研究能力并基于信息开展保护的专业团队，他们是真正意义上的“公民科学家”（citizen scientists）。

新疆是一块神奇的土地。从伯希和、斯坦因到普热瓦尔斯基和斯文·赫定，探索未知的区域、寻找地图上的空白点，曾经是无数旅行家以及众多户外爱好者孜孜以求的目标。今天，尽管新疆已经鲜有人类足迹尚未到达的土地，但仍然有很多谜，比如，这里都生活着什么样的动植物？它们在哪里、有多少、现状怎样？它们是否能够与人类安然共存于同一片土地？对这些问题的探究，正在成为当下探险活动的全新目标。

新疆地处亚欧大陆腹地，其无与伦比的山地和荒漠景观令人叹为观止，诸多特殊且美丽的动植物和生态系统，以及与其交融的多民族文化更是让本土居民为之自豪。

这本图文并茂的书，是“荒野新疆”过去若干年工作的积累，它凝聚了一群深爱着新疆万物的人的激情与理想，透过这些图片和文字，人们可以更加了解这片神奇的土地；无论是外来人还是本地人，都可以从自己的角度找到自己与这些生命的联系，由衷地生出关爱这片土地的激情。

“荒野新疆”的经历也让我们看到，户外活动是如何从单纯的登山、徒步，逐步进入专业的自然观察，最终转化为动物保护的行动。希望在这本书的带领下,有更多人加入到像“荒野新疆”这样的自然观察者和公民科学家的行列中来。

吕植

吕植——北京大学保护生物学教授、自然保护与社会发展研究中心执行主任，山水自然保护中心创始人。

序言二

新疆自古就是一个宝地，一直是探险家的乐园。从两千一百多年前张骞“凿空”西域，到唐僧西行求法，无数的先行者前赴后继。再后来，特别是最近两百年，一些外国人涌入，好像是发现了新天地，如入无人之境一般，深入沙漠腹地。他们的目的不是探险，而是疯狂掠夺和侵略，甚至放肆屠杀野生动物。最有名的案例如新疆虎、赛加羚羊、普氏野马、普氏原羚、柯氏鼠兔、地山雀、白尾地鸦和黑尾地鸦等，发现之日就开始走向灭绝或濒危。这些外国探险者披着博物学家的外衣，美其名曰“采集”“收藏”和“鉴定”,实际上是在玩“抢注”游戏——所谓优先命名权。那些个“国际自然法规”其实就是一些强盗法规，肆意给中国本土的物种们起了一些莫名其妙的外国名字，乐此不疲，完全无视当地悠久的自然历史和文化。

相对而言，中国人在博物学方面好像落后了两百年，几乎所有的本土特有物种都被外国人抢着命名了。除了耻辱，没有留下任何东西。

过去的糗事不提也罢，现在想说一下值得新疆人骄傲的事情。一批痴迷于博物学的业余爱好者，组成了自己的团队——“荒野新疆”，他们虽然没有博物学家的野心，却有着一种探索自然的精神，持之以恒，不屈不挠。他们深入到荒野之中，观察自然，学习自然，效法自然，保护自然。他们是一群有梦想的青年，勤奋努力，鸟兽虫鱼，全面出击。自成立以来他们多次参与到科研项目之中，修炼自我。如 2010~2013 年全程参加国家自然科学基金项目“金雕繁殖生物学及其种群状况研究（30970340）”，负责卡拉麦里金雕繁殖区巢址调查、行为观察、拍摄与记录；2013 年 3~4 月参与“高山兀鹫繁殖生物学及其种群状况研究(31272291)”,

负责在天山地区寻找巢穴，繁殖观测，攀岩训练，红外拍摄，卫星跟踪，芯片标记，无人机巡觅……其中许多研究方法在国内外尚属首次应用。

2014 年以来，荒野新疆团队开始独自组织对乌鲁木齐近郊后峡雪豹种群的红外相机拍摄、白湖湿地白头硬尾鸭的调查、艾比湖湿地鸟类监测等工作。这几年，荒野新疆团队对新疆物种的调查、保护、宣传，硕果累累，他们做了一些卓有成效的实事、好事、大事。此外，2012 年荒野新疆网站的成立（www.wildxj.com），开设网络“自然课堂”，重点对中小学生及动物爱好者进行网络科普教育，架起了一座连接科学与大众的桥梁，让科普走向大众，唤醒人们对自然保护的意识，在社会上引起了较好的反响。

这本《新疆自然观察指南》的编写和出版，着实令人称道。这是一群热爱自然、感悟自然、发现自然、探索自然的年轻人，凭着博物学精神驰骋于荒野的一个伟大创举。其中的许多物种知识是我所不知道的，甚至是发生在身边而闻所未闻的。

借这个机会，推荐此书，让我们一起为走进这个神秘的世界摇旗呐喊——加油吧！

马鸣——中国科学院新疆生态与地理研究所研究员，研究生导师，新疆动物学会原理事长。

前言

2012 年 4 月，师父邢睿开着“战车”驶出北塔山进入卡拉麦里的那一瞬间，我拍着车兴奋地大叫起来，师父师父师父，快看！这简直就是荒野新疆嘛！它是冲进卡拉麦里之后最该有的新疆样子。

回到乌鲁木齐以后，我们做了一个介绍新疆自然的图片信息网站——荒野新疆，把我们能找到的所有相关资料一点点上传到网站上，让所有和我们一样关注新疆自然的爱好者能找到所需的资料。有了大量的积累后，我们从诸多资料中整理出精华的部分，集结成这本《新疆自然观察指南》。书中不光记录了各种美丽奇特的动植物，也记录了我们从户外爱好者到大美新疆守护者的转变。

雪山巅峰的雪豹傲娇；泰加林下的林奈木娇羞；草原上蝴蝶随风摇曳；荒漠上的沙蜥奔忙；九曲十八弯的湿地鸟儿欢唱；新疆有大美而不言。朋友卡卡桑来过以后曾说过这样一段话“以求知的态度去看待世界，可能穷尽一生也没法透彻一个很小的领域，然而我们却可以由此来定位这短暂的一生，在洪荒的宇宙与生生不息的自然中，找到与自己灵魂低语的内容”。这本书便是我们认识新疆自然的一把钥匙，在书中，体会与自然灵魂的碰撞。

在过去的几年里，荒野新疆团队已经完成了从自然爱好者到保护行动者再到公益倡导者的转变，也获得了一些荣誉。在这一过程中，我们得到了很多朋友和机构的鼓励与支持。山水自然保护中心指导了我们该如何科学地参与保护，北京企业家基金会、银杏基金会给我们提供了宝贵资助并协助我们培训人才。同时，也要感谢各位志愿者、企业和捐赠人不离不弃，一如既往地支持我们。

丫丫

2022 年 1 月　乌鲁木齐

目录

第一篇

荒野认知

高原山地 2

熊出没，请注意 4
雪山之王 5
野山羊 6
会变装的“扫雪” 7
空中清道夫 8
雪山上的雉鸡 10
山野毒物 11
绢蝶故乡 12
优钵罗花 14
石头上的彩妆 15

河流湖泊 17

河流中的建筑师 18
北美移民 19
神奇的鸟嘴 20
翠鸟河日记 22
水上探戈 24
白头硬尾鸭的命运 25
冰雪中的青蛙 27
水中游蛇 28
石头鱼和黄金鲤 29
蜻与蜓 30

森林草原 35

松林两兄弟 36
狼图腾 38
松鼠大家庭 39
“二师兄”的家事 40
木匠和医生 41
天下乌鸦也不一般黑 44
雀鸟的巧嘴 46
草原铁甲兵 48
凤蝶和蛱蝶 50
奇幻的真菌世界 52

荒漠戈壁 56

艰辛生存的羚羊 58
吉祥三鸨 60
各种各样的“麻雀” 61
“恐龙”的战斗 62
八条腿的猎手 64
蝈蝈、蚱蜢、蛐蛐 66
甲虫猎手 68
荒野清洁工 70
装死的象鼻虫 73
荒漠黑小丑 76

乡村城市 79

农田里的小偷 80
公园来客 81
田野雉鸡 82
一“猫”顶百鸟 84
燕子归来 86
寄生的布谷鸟 88
鸟类建筑师 89
蝴蝶和蛾子 91
花园里的“蜂鸟” 94
螟蛉有子，蜾蠃负之 95

第二篇

荒野新疆

阿尔泰山地区 100

林中的“骆驼” 102
“金刚狼” 103
会飞的松鼠 104
不寻常的兔子 104
变装大师——雷鸟 105
极地水鸟 106
松鸡的舞会 107
高山冷水鱼 108
蝴蝶谷 109
大蚁丘 110

准噶尔盆地 112

野马回归 114
大沙鼠 115
佛法僧 116
被“遗忘”的鸥 117
我是歌手 119
新疆也有蟒蛇 121
荒野大刀客 122
斑蝥和蝉蜕 124
最美的“外衣” 126
水中软黄金 127

天山地区 129

伊犁鼠兔 130
物竞天择，适者生存 131
天鹅湖 134
两栖类的活化石 135
吃掉的龟山 136
生物防治 137
雪岭云杉 138
原生多肉与郁金香 139
踏花行 141
荚果蕨 144

塔里木盆地 146

沙漠之舟 148
塔里木兔 149
罗布泊的蝙蝠 150
白尾地鸦 151
斑鸠和鸽子 152
塔里木蟾蜍 153
塔里木鬣蜥 154
草上飞——花条蛇 155
沙漠之王 156
荒野寻宝 157

昆仑山地区 160

野牦牛不好惹 162
喜欢赛跑的藏野驴 163
高原羚羊 164
藏狐 165
红旱獭 166
雪雀家族 167
高原鹤 168
毛腿沙鸡 169
昆仑山的新疆特色鸟 170
“雪兔子” 172

第三篇

玩转荒野

荒野装备 176

动物追踪 180

使用红外触发相机开展野生动物调查和保护工作 181

动物足印的测量和辨识 191

夜巡 198

自然笔记 205

自然收集物 214

第四篇

荒野保护

人类对动物痛下杀手 226

从认知到行动 232

“自然小屋”构想 233

荒野手记 236

卡拉麦里零距离——金雕的成长故事 236

追踪城市边缘的“雪山之王” 254

附录 275

第一篇

荒野认知

——新疆的主要生境类型

一个人能不能成为博物学家，不在于他有没有系统的知识，关键在于重要时刻他有没有实际经验。我宁愿某一时段内只做个未开化的蛮人，全然不懂那许多的名字、结构和细节；我宁愿乘着光阴的翅膀，只去自由地探索和梦想。

——摘自《博物学家》(*Naturalist*)，爱德华·O. 威尔逊(Edward O. Wilson)著

高原山地

新疆有三条主要山脉，由北向南分别是阿尔泰山脉、天山山脉、昆仑山脉（包括了喀喇昆仑山和阿尔金山，与青藏高原和帕米尔高原相接）。阿尔泰山是蒙语“金山”的意思，地跨中国、蒙古、俄罗斯、哈萨克斯坦四国边界，动植物资源极其丰富，被称为“东方的阿尔卑斯”。天山是世界 7 大山系之一，东西横跨新疆中部，是南、北疆的分界。2013 年，中国境内天山的托木尔、喀拉峻—库尔德宁、巴音布鲁克、博格达 4 个片区以“新疆天山”为名称成功申请成为中国第 44 处世界遗产。昆仑山山体巨大，从新疆一直延伸到青海境内，是中国西部山系的主干，自古就有“万山之祖”的美誉。

阿尔金山人类活动较少，是新疆大型动物富集的地区

山脉承接降水、滋养森林、堆积冰川、孕育河流，因纬度及水热条件差异形成了不同的垂直自然景观带。

新疆森林带以上的高山地带，因为受人类活动影响较小，所以动物种类相对丰富，展现出一幅幅生动的画面：雪莲绽放的季节，峡谷上空有大型鹫类巡弋，它们在找寻动物的尸体；棕熊到处游荡，它们是典型的机会主义者；北山羊和岩羊在陡峭的山坡吃草，雪豹远远地潜伏在岩石堆中，伺机发动攻击；一只金雕飞过，白鼬迅速躲进石缝里，而雪鸡们一起张开尾羽冲着天空，让金雕无从下手。

熊出没，请注意

阿尔金山的“藏马熊”

阿尔泰山的棕熊

棕熊是世界上最大的陆栖食肉动物，属于食肉目熊科，也曾经是世界上分布最广的陆生哺乳动物（也有学者将西藏的棕熊亚种提升为种，即藏马熊）。新疆的三大山脉区域均有棕熊的分布，像“哈熊沟”这样的地名非常多。

大型食肉动物是生态系统中的顶级物种，它们的种群大小直接反映了一个区域的生态系统健康状况。

由于人类的猎杀，棕熊种群极度缩小，分布破碎化，在野外已经极其罕见，而它们最大的天敌——人类，却经常在自己的越野车上贴着写有“熊出没，请注意！”的车贴。

雪豹喜欢高山岩石区

猞猁耳尖上长长的毛簇

萌萌哒的兔狲

亚洲野猫

雪山之王

雪豹是生活在亚洲中部山地的神秘猫科动物，是高山生态系统的重要指示性物种，它们远离人们的视线，统领着雪山王国，有着“雪山之王”的称号。新疆是雪豹的重要分布区，三大山脉均有分布。随着近年越来越多的野外调查，这个美丽的猫科动物逐渐被揭开了神秘的面纱。雪豹以高山食草动物为食，独来独往，有固定而广阔的领地，每年冬天的繁殖季节，成年雪豹才会在一起活动，雌性雪豹会独自抚养孩子 1~2 年。另外，新疆的猫科动物家族中还有尾巴很短的猞猁，长相呆萌的兔狲，以及体型较小的野猫（又称亚洲野猫、草原斑猫），荒漠猫。

野山羊

准噶尔界山的雄性盘羊

北山羊

峭壁上争斗的雄性岩羊

组成“光棍团”的雄性北山羊

雌性北山羊的角短而细

新疆险峻的高山上生活着体型健壮的三种“野山羊”，它们都能在陡峭的山崖上健步如飞。雄性个体都长有威风的大角：体型最大的盘羊顶着粗大盘卷的羊角，被称作“大头羊”；体型次之的北山羊，角形如一对大弯刀，一直抵到背部；而在新疆仅分布在昆仑山脉的岩羊，粗壮的大角向两侧分开。野山羊一般群居，每年 11~12 月是它们的发情交配期，雄性之间会进行激烈的决斗，它们的大角在这时派上了用场，两角相撞的声音响彻山谷。只有获胜方才能统领雌羊和幼羊组成的羊群，落败者则被迫离开并组成“光棍团”。

会变装的“扫雪”

冬季的白鼬

夏季的白鼬

凶猛的艾鼬

喜欢溪流的欧洲水貂

善于爬树游泳的香鼬

白鼬是广泛生活在古北界森林地带的小型鼬科动物，和很多寒带地理区划里的动物一样，白鼬也有换毛变色的特点，秋季会从棕色换成一身雪白的颜色，迎接冬季大雪降临。白鼬的尾巴大约是体长的一半，尾端部分一年四季保持醒目的黑色，有趣的是冬天白鼬在雪地上活动时会不停地用尾巴将足迹扫去，以防被敌人跟踪，因此有了“扫雪”的俗名。新疆的鼬科动物是种类较繁盛的类群，还包括了石貂、紫貂、水貂、艾鼬、虎鼬、香鼬、黄鼬、伶鼬、狗獾等，它们都是昆虫、鸟类和啮齿动物的“袖珍杀手”。

石貂

生活在沙地的虎鼬

空中清道夫

胡兀鹫亚成鸟

鹫类多是大型食腐鸟类，它们在高空巡弋，一旦发现死去的动物，便会很快聚集。胡兀鹫因为钢钳般的嘴下有一束黑色的胡须而得名，和高山兀鹫、秃鹫一样，是生态平衡中不能缺少的“清道夫”。但是胡兀鹫较为凶猛，它们常常贴着山坡飞行，主动攻击旱獭等猎物。鹫类生活在人迹罕至的高山，利用峭壁

高山兀鹫

胡兀鹫成鸟

秃鹫

冬季在崖壁上聚群繁殖的高山兀鹫

的洞穴和平台搭建简单的巢穴。非常特别的是它们在冬季产卵，有些幼鸟在2~3月就已经孵化出来了，但是幼鸟的成长期较长，在天山观测的高山兀鹫繁殖巢曾见到幼鸟到8月还没有出巢的情况。

4月的天山上，高山兀鹫的巢和幼鸟

飞翔的暗腹雪鸡

雪山上的雉鸡

人们通常所说的“野鸡”，是对鸟类里鸡形目鸟类的俗称，雪鸡是鸡形目雉鸡科里体型较大的一类。

藏雪鸡

暗腹雪鸡生活在天山和昆仑山区的高山岩石地带，主要采食高山植物和昆虫，是新疆分布区域最广的雪鸡。新疆的雪鸡种类还包括分布于阿尔泰山的阿尔泰雪鸡和分布于昆仑山的藏雪鸡。夏季雪鸡家庭分散到高山草甸繁殖，到了冬季又会集结成群，到海拔较低的向阳草坡越冬。

阿尔泰雪鸡

暗腹雪鸡

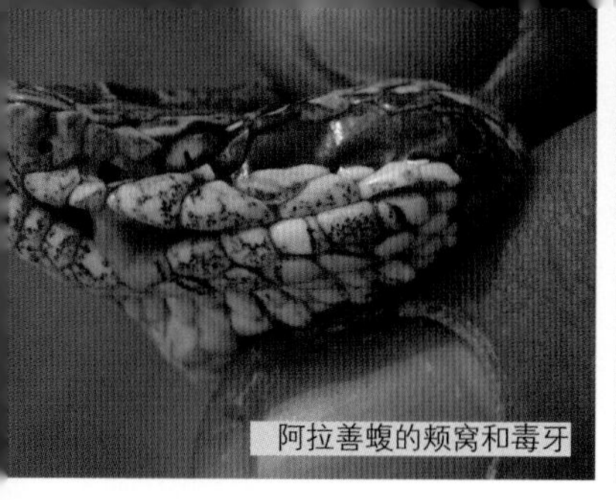
阿拉善蝮的颊窝和毒牙

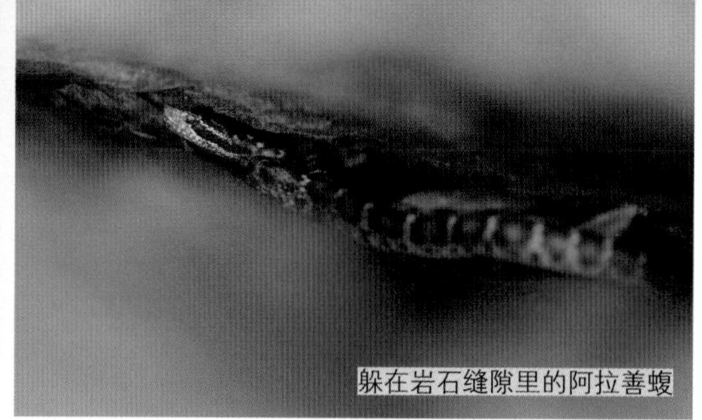
躲在岩石缝隙里的阿拉善蝮

山野毒物

现西北地区分布的中介蝮已被独立为一个新种——阿拉善蝮，其广泛分布于北疆各地。在阿尔泰山的高山地带和天山的针叶林下以及准噶尔盆地的荒漠草原上，都有它的身影。阿拉善蝮以小型鼠类和爬行动物为食，也占据鼠洞作为隐蔽之所。蝮蛇的眼和鼻之间有颊窝，可以探测到温血动物散发的热辐射。最令人生畏的是它们具有强大杀伤力的管牙,用来咬住动物后注入毒液。新疆蝰科蛇类里还有两个山野毒物：西部天山的东方蝰（草原蝰）和阿尔泰山的极北蝰。

阿尔泰山发现的极北蝰

荒漠里的阿拉善蝮

新疆仅分布于阿尔泰山的极北蝰

绢蝶故乡

天山的中亚丽绢蝶

阿波罗绢蝶产在景天上的卵

阿尔泰山和天山常见的阿波罗绢蝶

常见的天山绢蝶

绢蝶多出现在海拔较高的山顶和雪线附近，翅膀似“绢”，具红黑斑点，飞舞在砾石和草坡中，它们是高山的精灵，是种类繁多的蝴蝶大家庭里非常珍稀的类群。中国的绢蝶主要分布于新疆和青藏高原，而新疆的绢蝶种类约占据了全世界不到 60 种绢蝶的一半，不愧为“绢蝶故乡”。绢蝶以卵越冬，春天孵化出幼虫（毛毛虫），伴随着寄主植物（多为景天和紫堇）的生长而长大并化蛹，十几天后

帕米尔高原的夏梦绢蝶

东昆仑的依帕绢蝶

一只美丽的绢蝶便羽化而出。蝴蝶的成虫期都很短暂，来到世间唯一的使命就是寻找配偶，进行交配，再产卵，等待下一次生命的轮回，所以在野外能与这么珍惜的蝴蝶谋面非常幸运。

低海拔的曦和绢蝶

绢蝶多栖息于高海拔山地、草原、碎石坡等环境，飞行缓慢耐寒力强，雌蝶交配后产生各种形状的角质臀袋，不同形状的臀袋也是不同种绢蝶鉴定的依据之一。

阿尔泰山的福布绢蝶

交配后带着臀袋的雌爱侣绢蝶

西天山的翠雀绢蝶

南天山罕见的孔雀绢蝶

雪莲与雪山交相辉映

优钵罗花

唐代边塞诗人岑参的《优钵罗花歌》里记录了一种得自天山的奇异之花，梵语音译作“优钵罗”，即雪莲。

含苞待放的雪莲

雪莲是菊科风毛菊属的多年生草本植物，从一粒种子到一朵花至少要历时 5 载，7~8 月在雪线下的冰碛石和流石滩灼灼绽放。武侠小说中常常夸张渲染其神奇的功效，引来不法分子的疯狂盗采，对野生植物资源和高山环境造成严重破坏，多年前还能见到大片开放的雪莲，现在只能在人类很难涉足的陡峭山崖上一睹它的芳容了。

被摘掉的雪莲

天山上的雪莲

石头上的彩妆

在高山裸露岩石上经常看到或红或绿或橙，图案各异的“彩妆”，细看起来有一层神秘物质紧紧地附着在岩石表面，这就是地衣。

地衣是真菌和藻类两种截然不同的生物在一起共生，不能算是严格意义上的植物，菌类吸收水分和盐，而藻类可以进行光合作用，共生体才得以延续。地衣不仅出现在石头表面，从森林到荒漠都有它们的身影。地衣也不都是壳状和叶状，也有枝状发散的，例如针叶林树木上的“松萝”也是一种地衣。地衣在生态系统中也很有价值：附着在岩石上的地衣分泌出地衣酸，可以加速岩石风化形成土壤；地衣还对空气污染非常敏感，被当作天然的空气质量检测器。

荒野贴士

分类学是为了对生物进行分类描述而建立的科学方法，基于生命演化关系将地球上每一种生物分类至相应的类群，并提供一个独特而唯一的名字。“物种”是生物分类的基本单位，指一群或多或少与其他这样的群体形态不同，并能够交配繁殖出具生殖能力后代的相关生物群体。一个比较简单的分类级别排序：界—门—纲—目—科—属—种，在这些级别中有时候还加入了亚目、总科、亚科、亚种等，以便更加清晰地厘清物种的类别关系。例如常见鸟类“树麻雀”在分类上就描述为动物界—脊索动物门—鸟纲—雀形目—雀科—麻雀属—树麻雀，它的学名是唯一的拉丁名“*Passer montanus*”，同时根据不同的语言文字还有英文名“Tree Sparrow”，中文名“树麻雀”等。

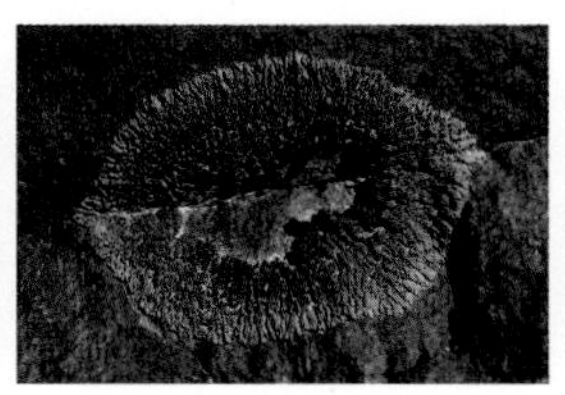

湿地是鸟类的世界，也是两栖动物、鱼类以及水生哺乳动物赖以生存的环境

河流湖泊

新疆地处大陆腹地，内陆河和内陆湖众多。地处南疆的塔里木河是我国最长的内陆河，也是仅次于阿姆河的世界第二长内陆河，塔里木河的源头在喀喇昆仑山脉的世界第二高峰乔戈里峰，曾经最远流入现在已经干涸的罗布泊，但目前大西海子成为塔里木河的终点。发源于天山的开都河在焉耆盆地汇流成中国最大的内陆淡水湖——博斯腾湖。在北疆，阿尔泰山东部的大、小青格里河最终汇入北疆水域面积最大的乌伦古湖（福海）。博乐谷地的众多河流汇合在艾比湖低地，艾比湖曾经是新疆面积最大的湖泊（近年湖面快速缩减）。新疆还是唯一将北冰洋和印度洋相联系的省份：发源于阿尔泰山的额尔齐斯河是我国唯一流入北冰洋的水系，而发源于喀喇昆仑山的奇普恰普河等小河则向南流入印度洋水系。

湿地是鸟类的世界，也是两栖动物、鱼类以及水生哺乳动物赖以生存的环境。春天，万物复苏，从南方返回的候鸟让水面喧闹起来，雁鸭在水中游弋，䴙䴘跳着双人舞，水边各种鸻鹬类鸟儿正忙着找食物，翠鸟站在树桩上专注地盯着水面。蜻蜓的幼虫在水中潜伏，它们还没有羽化，一条小鱼不幸被棋斑游蛇一口咬住。夜晚来临，蛙声告诉我们喧闹还没有停止，麝鼠夫妇忙着搜集水草搭窝，它们就要有自己的孩子了，河狸从水下的巢穴出口潜出，来到河岸上享用新鲜的枝条……

河狸的水坝

觅食的河狸

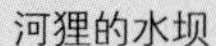

河流中的建筑师

冰雪还未消融，河狸从蛰伏中醒来

河狸是中国稀有且鲜为人知的水生哺乳动物之一，是中国啮齿目里体型最大的动物，仅分布于新疆乌伦古河流域。它们在岸上打洞，把巢穴的出口通向水下，啃断树枝筑起堤坝来控制水位和流速，而且浸泡在水下的植物可以保鲜，成为河狸冬季在巢中过冬的主要食物。河狸后爪间有蹼，尾巴进化成扁平状，非常善于游泳；它们拥有大而坚固的门齿，用来啃食河柳和水生植物。目前因为水源的枯竭和植被的破坏，河狸的生存状况不容乐观。

麝鼠采食水生植物

北美移民

麝鼠是原产于北美的啮齿动物，因为繁殖季节分泌出的“麝鼠香”可作为药材和香料，以及优质的皮毛而被引入到世界各地。由于邻国饲养种群的扩散和后来新疆地区养殖个体的逃逸，这个外来物种逐渐在野外安家落户并繁盛起来，目前在新疆各地的自然水域都有野化的种群分布。麝鼠有扁而长的尾巴，非常善于游泳，在水中筑巢，主要以植物为食，偶尔也会吃小鱼和水生软体动物。

麝鼠已经广泛扩散到新疆各地

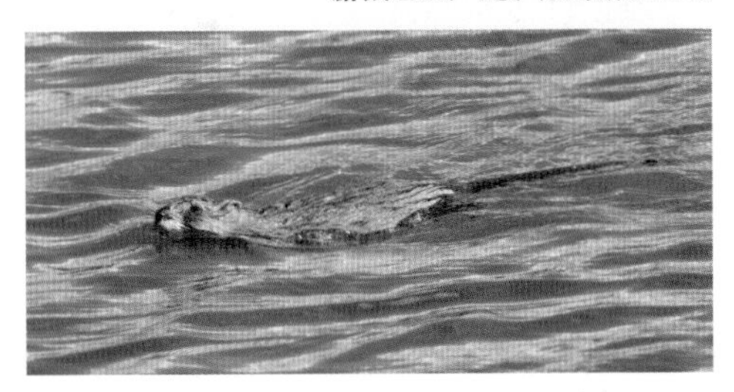

麝鼠防水的皮毛和扁长的尾巴

水下潜行的麝鼠

神奇的鸟嘴

鸻鹬类的鸟儿多在水域环境生活，它们以昆虫、软体动物、甲壳类为食，因为食物多来自于水中和滩涂，为了不停追逐食物，很多种类会随季节变化在南北半球之间来回穿越。同一片湿地环境，可能同时有多种鸻鹬类鸟儿在一起觅食，有些嘴巴在水里扫，有些在水面啄，有些扎进泥里探，它们并不争抢，因为大家各有所长、各取所需。水域中还有鹈鹕、鹳、鹭、鸭等食鱼和食草的鸟类，独特的鸟嘴直观地体现出它们捕食的技能和捕食的对象。

黑翅长脚鹬的锥子嘴

鹮嘴鹬的嘴就是一把手术钳

大沙锥的嘴可以轻松插入泥地

翻石鹬的嘴更利于翻动石子

大白鹭长嘴长脖的绝妙配合

白琵鹭
普通秋沙鸭
蛎鹬
反嘴鹬
黑鹳
白头硬尾鸭
鸻鹬类在滩涂觅食

翠鸟河日记

中国有几十种翠鸟，但新疆只有一种——普通翠鸟。

翠鸟是典型的在水域环境生活的小鸟，擅长捉鱼，又称“鱼狗”。其实翠鸟不仅对水中的小鱼感兴趣，拍摄者通过一整天的观察记录发现，包括昆虫、软体动物、两栖动物等都是它的食物。从翠鸟食物的多样性也可以看出这片水域的物种丰富程度。

水上探戈

黑颈䴙䴘

角䴙䴘

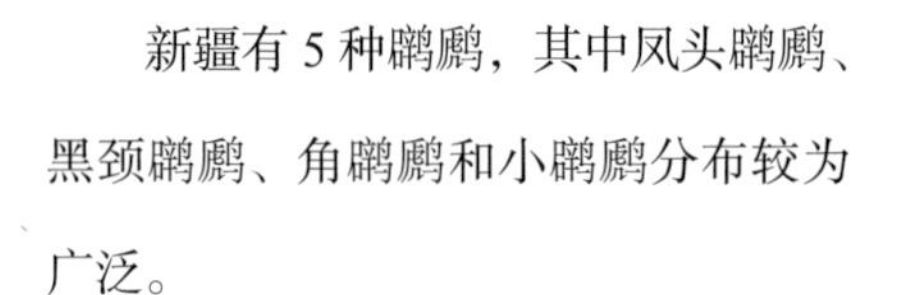

新疆有 5 种䴙䴘，其中凤头䴙䴘、黑颈䴙䴘、角䴙䴘和小䴙䴘分布较为广泛。

䴙䴘目的鸟种除了善于游水和潜水以外还可以做出很多高难度的水上动作。求偶季节，成双配对的䴙䴘会跳起水上芭蕾，它们相对或者平行地做出很多同步协调的动作，或左顾右盼，或凌波微步。舞蹈跳得好，雌鸟才允许雄鸟交配，之后继续开始跳舞，从清晨到日暮，这样的仪式会连续进行几天。

小䴙䴘

凤头䴙䴘

白头硬尾鸭的命运

在新疆乌鲁木齐市郊有个叫白鸟湖的地方，每年都会有很多水鸟在此繁殖度夏，白头硬尾鸭是其中的大明星。这种白脑袋蓝嘴巴，长相可爱的鸭子（雄性）非常珍稀，整个中国的记录不超过100只。

白鸟湖

白头硬尾鸭每年春天从遥远的欧洲飞来新疆养儿育女，哪里都不去，就是偏爱白鸟湖这个地方。白鸟湖是由自涌泉汇集的富营养水域，长着一小片芦苇，水质微咸，这种特殊环境恰恰成为生态习性同样独特的白头硬尾鸭的最爱。目前对白头硬尾鸭在新疆的繁殖地调查结果显示，白鸟湖是仅存的两处有效繁殖地之一。随着城市的开发，高楼大厦已经逼近白鸟湖，白头硬尾鸭的家园堪忧，它们将何去何从？

白头硬尾鸭雌鸟和鸭宝宝

2018年，在民间保护组织和市民的共同呼吁下，乌鲁木齐市林业部门最终将白鸟湖设立为白鸟湖湿地公园。从此，白头硬尾鸭的“家”和这座城市的千家万户和谐共存。

白头硬尾鸭雄鸟

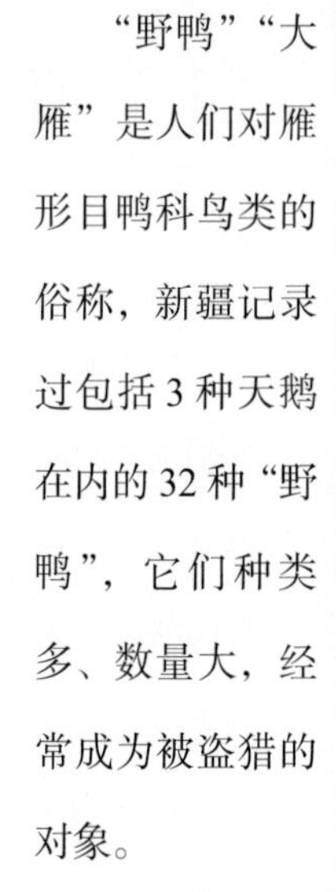

“野鸭”“大雁”是人们对雁形目鸭科鸟类的俗称，新疆记录过包括 3 种天鹅在内的 32 种“野鸭”，它们种类多、数量大，经常成为被盗猎的对象。

灰雁

斑头雁

赤麻鸭

赤嘴潜鸭

白秋沙鸭

绿头鸭

普通秋沙鸭　雄

普通秋沙鸭　雌

琵嘴鸭　雌

针尾鸭

冰雪中的青蛙

冰雪还未消融，中亚林蛙已出蛰

冰雪中的中亚林蛙

中亚林蛙

阿尔泰林蛙 中亚侧褶蛙（湖蛙）

湖蛙的背中线明显

青蛙属于两栖纲无尾目蛙科，在新疆种类很少。中亚林蛙分布于塔吉克斯坦、吉尔吉斯斯坦，中国境内仅分布于新疆西天山的伊犁河流域。春天临近，冰雪还未消融，中亚林蛙便从冬眠的洞穴中钻出来，爬向附近刚刚破冰的水塘，它们要赶着去寻找伴侣，交配产卵。春季的山区气候反复异常，大雪纷飞的时节这里已经蛙鸣一片了。新疆还分布有另外一种林蛙，那就是生活在阿尔泰山区林间湿地的阿尔泰林蛙。在新疆最常见的青蛙是生活在北疆平原水域的中亚侧褶蛙（又称湖蛙），自 20 世纪 60 年代在伊犁河发现后，逐渐取代了中亚林蛙的优势地位并迅速扩散到北疆。在人们餐桌上出现的是人工养殖的牛蛙，体型较大，它们也在一些自然水域形成了野化种群，是入侵种类，会对原生种类形成危害，应予以防控。

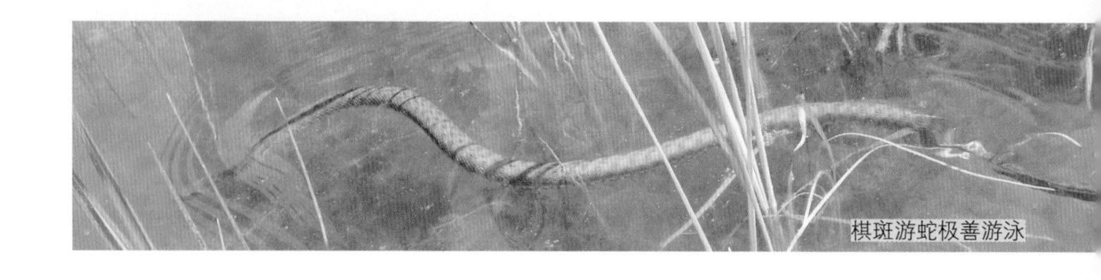
棋斑游蛇极善游泳

水中游蛇

棋斑游蛇是爬行纲有鳞目蛇亚目游蛇科中特殊的种类，是典型的水栖蛇类，以鱼类和蛙类为食，国内仅分布于新疆。棋斑游蛇无毒，但有其他的自卫本领：如遇危险会潜入水中，假如逃不掉，它们会模仿眼镜蛇抬起头来让身体扁平，并鼓起下颌发出咝咝的声音，一旦被人抓住，还会从肛门处喷出极其恶臭的气味，甚至会装死，假死的棋斑游蛇甚至还会从嘴里吐出鲜血。

游蛇科种类较多，主要为水栖、半水栖，有些也能适应干旱环境。新疆还有水游蛇、花脊游蛇、白条锦蛇、花条蛇等种类。

吞鱼的棋斑游蛇

围橘色“头巾”的水游蛇

装死的棋斑游蛇

蛇都可以吞下很大的食物

伊犁河的小型原生鱼

伊犁河的小型原生鱼

石头鱼和黄金鲤

在伊犁地区昭苏县，有一种被当地人奉为美味的“石头鱼”，它生活在高山寒冷溪流中的石头下面，甚为珍奇。这种所谓的“石头鱼”是分布于伊犁河流域的冷水性土著鱼类——斑重唇鱼。像这样的土著鱼类（又称作原生鱼）新疆目前记录的只有 46 种，多是些经济价值不高的小型鱼类。相对于大量引进养殖的外来鱼种，它们的种群越来越小，很多种类濒临灭绝。同样在昭苏特克斯河流域捕获的这条“黄金鲤”，就是曾经在当地引进养殖的德国镜鲤。

引进养殖的德国镜鲤

伊犁河裸重唇鱼

斑重唇鱼

蜻与蜓

蜻蜓一生经历卵、稚虫、成虫三个阶段。卵多产在水里，稚虫也生活在水中，羽化时会爬到水面附近的植物上。蜻蜓目有蜻、蜓、蟌三大类，其中蟌的外形和蜻、蜓差别较大，比较好区分。蜻一般比蜓胖些，看翅上的结节区分，蜻的靠体侧，蜓的靠端侧。蜻蜓的体型比较悬殊，有的很大，有的很小。新疆有超过20种蜻蜓，夏季出现在各地的水域环境附近。交配时雄虫会用其尾部特有的钩钳（肛附器）夹在雌虫的复眼后部，让串联着的雌虫向前甩尾至雄虫腹部的交合器，从而形成了心形交配姿势。

交配的心斑绿蟌

生活在水中的蜻蜓稚虫

褐带赤蜻交配

产卵的混合蜓

白尾灰蜻

灯心蜓

褐带赤蜻 雌

黄腿赤蜻

混合蜓

基斑蜻（扁蜻） 雄

天蓝灰蜻 雄

青蓝灰蜻

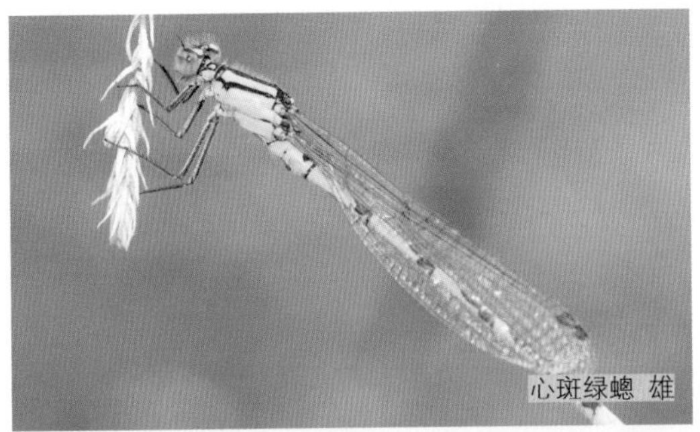
心斑绿蟌 雄

女神尾蜓

小斑蜻

青铜丝蟌

荒野贴士

目前科学家们已经描述并命名的物种有 170 万种，其中包括了动物、植物及微生物等。科学家们推测地球上存在着 1000 万 ~ 3000 万种生物，还有太多不为人知的生物等待人类发现。地球上的生物可以分为六个界：动物界（超过 135 万种）、植物界（超过 35 万种）、真菌界（约 10 万种）、原生生物界（约 25 万种）、古细菌（已知 18~23 个门）、真细菌界（已知 1 万种原核生物）。这其中我们比较熟悉和关注的是动物界（包括了 30 个门的无脊椎动物和包含了所有脊椎动物的脊索动物门）、植物界（包括种子植物、苔藓和蕨类植物）和真菌界（蘑菇、霉菌、酵母菌等）。

以雪岭云杉为代表的天山森林群落

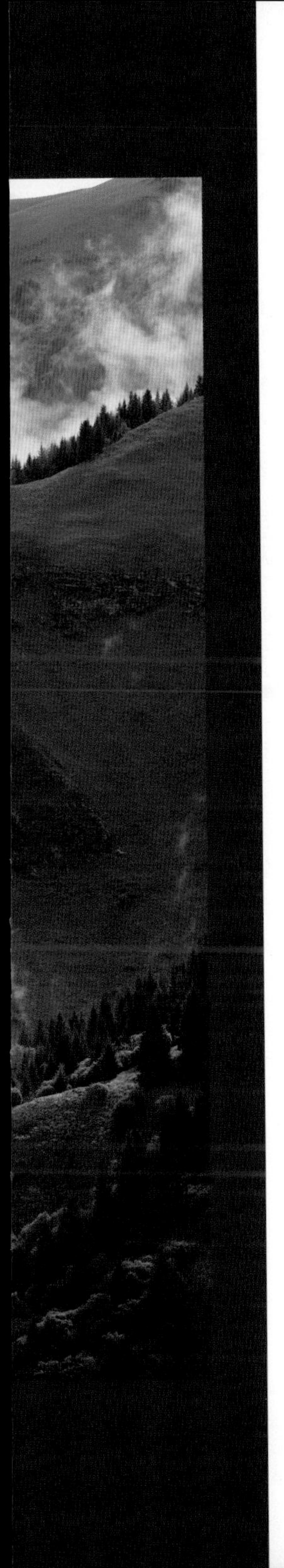

森林草原

新疆的阿尔泰山和天山北坡都分布着大面积的森林。阿尔泰山海拔 1100~2300 米，由西伯利亚红松、西伯利亚冷杉、西伯利亚落叶松为主，形成了我国最完整的泰加林森林系统。在天山海拔 1600~2900 米以雪岭云杉为主的森林被评为我国“最美的十大森林”之首。除了森林还有面积广阔的山地草原，低山地带是蒿属植物为主的半荒漠草原；森林带下是以蔷薇、绣线菊等灌木为主的草甸草原；海拔更高的亚高山、高山草甸草原是草原带的精华，生长着色彩斑斓的显花植物，在森林和雪山的映衬下构成最美的自然图画。南、北疆的两大盆地多为平原荒漠区，沿河流分布的胡杨林、红柳林和梭梭林，和荒漠草原一起维护着脆弱的荒漠生态系统。

森林有充足的食物和良好的隐蔽条件，是动物赖以生存的优良环境，一些高山动物和草原动物也常出现在森林中。因为新疆的森林分布不均匀，动物种类也呈现出北疆多南疆少的特点。春天的清晨，在森林间的草地上，马鹿和狍子小心翼翼地吃草，野猪把草地拱得乱七八糟，松鼠在枝叶间跳跃，啄木鸟正修整着一个树洞当作爱巢，从遥远南方赶来繁殖的小鸟们忙着在树枝上高唱，突然星鸦嘎嘎地叫起来，原来是一只吃饱了的狼经过，动物们四散跑进森林。

松林两兄弟

一只顶着大角的雄性马鹿

马鹿和狍子都是偶蹄目鹿科的动物，广泛分布于天山和阿尔泰山的针叶林地带，其中马鹿在北疆艾比湖和南疆塔里木河流域的胡杨林环境也有分布。雄性的马鹿长着威武的一双大角，而狍子的角就小了很多，角是它们为争夺配偶较量的武器。马鹿的角每年春季会自动脱落，这时哈萨克牧民都有上山捡拾鹿角的传统。新长出来的角叫作鹿茸，是名贵的中药材，马鹿曾为此惨遭人类的猎杀。狍子也是过去重要的狩猎动物，在它们集群交配的季节，常常被人们一网打尽，落了个“傻狍子”的名声。近些年动物保护理念深入人心，它们的种群得到了很大的恢复。

森林中的雌马鹿

几只雌性狍子

雄性狍子

一只狍子在森林里觅食

山脊上的马鹿群

狼图腾

草原上的狼穴

狼是令人生畏的掠食动物

一只在灌丛区活动的孤狼

古人曾经崇拜狼，因为它们和人类一样都是荒蛮世界的猎手。由狼驯化而来的狗成为人类的亲密伙伴。不知从何时起，人类认为狼是狡诈凶残的动物，它们袭击家畜甚至人类，人们誓要将狼赶尽杀绝。

狼曾经生活在从平原到高山，从草原到森林的广阔区域，但却一度濒临灭绝，只有在人迹罕至的荒野之地才能有幸存活。现在人类认识到狼在生物圈中的重要性，也愿意给它们让出一片天地，狼的家族又逐渐恢复了生机，重新谱写属于强者的图腾。

狼群等级分明，协作捕猎

松鼠大家庭

阿尔泰山的花鼠

阿尔泰山的松鼠里极少是红色的

花鼠在颊囊中塞满了食物

松鼠是新疆阿尔泰山和天山针叶林里常见的可爱动物，它们在树枝间跳跃，大大的尾巴起了很好的平衡作用。花鼠也是松鼠科的一种，体型较小，灰褐色的背部有5条明显的深色纵纹，它们能爬树，也喜欢在地上活动。松鼠在树上搭球形的窝，而花鼠穴居。秋天，松鼠和花鼠都忙着贮藏食物。花鼠积攒的食物是为了冬眠醒来后应对青黄不接的季节，而松鼠不冬眠，它们要攒下更多的食物好度过漫长的冬天。其实林间草地上的旱獭和黄鼠也都是松鼠科的一员，它们不会爬树但都善于打洞，所以又被称为“地松鼠”。

荒漠草原上的赤颊黄鼠

林间空地上的长尾黄鼠

一只哺育期的雌松鼠

“二师兄”的家事

野猪是非反刍偶蹄目的代表,广布于欧亚大陆,在我国也几乎遍布每个省份。在新疆，从深山森林到农区周边，野猪几乎见于所有野外栖息地。它们喜欢在黄昏和夜里结群活动，属杂食动物，植物、昆虫、小动物、腐肉，几乎什么都吃。草地上发现的成片被拱起的草皮，就是它们在翻找食物后留下的。雄性野猪体型巨大，奔跑的速度也很快，还有突出的攻击性獠牙，脾气暴躁的它可是个不好惹的主儿。野猪的繁殖能力很强，每年春天产崽，一窝约有七八只，小猪崽身上有条状斑纹，很是可爱。近年来猎杀现象逐渐减少，天山地区的森林环境里经常可以看到它们结小群活动。

野猪喜欢利于隐蔽的环境

野猪

野猪能适应多种环境

木匠和医生

体型很小的小斑啄木鸟

森林里传来一阵急促的錾木声，循声观望，总能发现在树干上专心干活的啄木鸟。

啄木鸟都有善于攀爬的爪和尖利的长嘴，能够凿开树木吃到藏在木头里的昆虫幼虫，也能够在树干里掏挖出育儿用的精巧树洞。新疆有 8 种啄木鸟，除了蚁䴕会迁徙以外，其他的都是留鸟。啄木鸟的领地往往很固定，它们每天巡查着每一棵树，在夏季昆虫比较多的时候，啄木鸟就不用啄树了。还有些啄木鸟会有特别的加餐：黑啄木鸟很喜欢吃蚂蚁，它们会把林蚁丘刨得乱七八糟，用细长的舌头舔食蚂蚁；灰头绿啄木鸟食性比较杂，冬季食物缺乏的时候有时会食用沙枣和动物腐尸。

大斑啄木鸟喜欢山地阔叶林

灰头绿啄木鸟

黑啄木鸟的家和宝宝

黑啄木鸟在翻啄蚁穴

在针叶林繁殖的三趾啄木鸟

雄性三趾啄木鸟的头顶是黄色的

蚁䴕的羽色和树干融为一体

蚁䴕是我见过唯一可以落在电线上的啄木鸟

冬天食物缺乏，一只白翅啄木鸟飞到集市上寻找食物

在树干里啄食的白背啄木鸟

胡杨林里的白翅啄木鸟

天下乌鸦也不一般黑

阿尔泰山的松鸦

寒鸦有白色的眼睛和“头巾”

黑白花色的达乌里寒鸦

星鸦也是一种“乌鸦”（人们对鸦科鸟类的俗称），是阿尔泰山和天山针叶林里的留鸟。冬天的森林里很寂静，大部分鸟儿都已离去，但仍能听到它清亮的“嘎嘎”声，鸟类不能冬眠，它如何能够坚守在这里呢？

鸦科鸟类都很聪敏，还有埋藏食物的习性。秋天食物充沛的时候，星鸦到处寻找松果和其他食物，然后找很多个地方埋藏好，生怕被松鼠偷吃掉。冬天厚厚的积雪埋没了大地，星鸦似乎早就画好了藏宝图，可以准确地在雪地里刨出一个洞，找到这些宝藏。当然，也会有没来得及享用的植物种子，在第二年便发芽长出新的树苗。新疆的鸦科鸟类有很多种，可不都是一般黑。

小嘴乌鸦是新疆最常见的乌鸦

喜鹊也是鸦科鸟类

秃鼻乌鸦的嘴很特别

星鸦

渡鸦是体型最大的乌鸦

黄嘴山鸦生活在高山上

红嘴山鸦在山区常见

雀鸟的巧嘴

红交嘴雀是针叶林中漂亮的鸟儿，雄鸟全身火红，而雌鸟是鲜艳的黄绿色。它们的喙上下交错像一把钳子，可以轻松从松果中抠出种子。冬天的阿尔泰山和天山，针叶林里能够留下的鸟儿已经不多，凭借特殊的取食本领，红交嘴雀不但留了下来，还选择在冬天繁殖，雌鸟负责在巢里孵卵和照顾幼鸟，而雄鸟忙着四处采食，担负起养家的重任。

小型雀形目鸟种在鸟类中的进化程度最高，因为取食的差异进化出形状差异的鸟嘴，食虫的往往尖细，吃种子的就宽厚许多。

花彩雀莺　红腰朱雀　鹪鹩

红交嘴雀 雄　红交嘴雀 雌　蒙古沙雀

普通䴓
黍鹀
红腹灰雀
锡嘴雀
戴菊
巨嘴沙雀
长尾雀
白斑翅拟蜡嘴雀
煤山雀
斑鹟
乌鸫
黑颈鸫
凤头百灵
红额金翅雀
圃鹀
红背伯劳
文须雀
靴篱莺
蓝眉林鸲
荒漠伯劳
长嘴百灵
芦鹀
旋木雀

粉红椋鸟喜欢在石缝里筑巢

粉红椋鸟在春季集群

草原铁甲兵

粉红椋鸟每年春天从印度和北非来到新疆各地繁殖。它们结大群在草原上游荡，数量庞大的鸟群每天会消灭不计其数的草原蝗虫，因而大受人们的欢迎。粉红椋鸟喜欢聚群繁殖，很多地方都有人工堆积的石堆和建设的穴屋，给粉红椋鸟筑巢提供方便。当然，它们也会利用一些天然的巢区，例如牧民的石质羊圈，水

草原铁甲兵——粉红椋鸟

库的石质大坝，甚至哈萨克族特有的石堆墓地。

其实新疆还有另外一种椋鸟——紫翅椋鸟，它们也是重要的食虫益鸟，只是它们更喜欢在树洞里筑巢。不同的年份椋鸟群在数量上有起伏，隔几年会有一次大爆发，这往往和草原昆虫的数量爆发有关。

紫翅椋鸟喜欢在树洞筑巢

紫翅椋鸟在秋季集群

旖凤蝶

福蛱蝶

凤蝶和蛱蝶

凤蝶是蝴蝶类别中体型较大、色彩艳丽的一个科，在我国分布的超过130种，但是新疆仅记录到2种：金凤蝶是一个广布种，全国除海南外广泛分布；而另外一种凤蝶——旖凤蝶，却是国内仅分布于新疆阿尔泰山和天山西部的珍稀种类。两种凤蝶每年都有两次生命周期，所以我们在春季和夏季见到的是不同发生期的凤蝶。

新疆的蛱蝶也是艳丽多彩、不乏特色的一类，有些种类发生期数量非常大，例如荨麻蛱蝶和朱蛱蝶，你能想象一棵树上挂满蝴蝶的景象吗？与凤蝶相比，蛱蝶的前足较退化，看似只有四条腿，这也是蛱蝶科的一个特征。新疆已知蝴蝶300多种，种类不算多，也不如南方蝴蝶体大艳丽，但是特色性极强，相当多的种类在国内仅分布于新疆。

孔雀蛱蝶

金凤蝶

阿尔泰珍蛱蝶　艾鲁珍蛱蝶　单环蛱蝶

黄缘蛱蝶　朱蛱蝶　白矩朱蛱蝶

荨麻蛱蝶　伊诺小豹蛱蝶　狄网蛱蝶

白钩蛱蝶　珠蛱蝶　小红蛱蝶

潘豹蛱蝶　绿豹蛱蝶　银斑豹蛱蝶

毒蝇蛇膏是剧毒蘑菇

奇幻的真菌世

蘑菇是指那些能长成子实体的大型真菌，像牛肝菌、羊肚菌这样的野生菌类自古就是人们青睐的美味食材，还有被人工栽培的平菇、香菇，等等。野生蘑菇当然也不乏有毒的种类，食用后会对肝脏造成巨大的危害，甚至致人死亡，假如对野生蘑菇种类不熟悉，切不可随便食用。蘑菇一般由菌盖、菌柄、菌环组成，形如一把小雨伞，也有很多种类长相怪异的，有蜂巢状、杯状、耳状、棒状、珊瑚状，甚至凝胶状，等等。

我们根据外形特征也可以将这些大型真菌划分成子囊菌类（例如羊肚菌）、木耳类、多孔菌类（例如灵芝）、伞菌类、腹菌类（例如马勃和地星）。蘑菇以孢子扩散的方式繁殖，一个子实体可以散发出数亿孢子，有些蘑菇成熟后会爆裂开来，把孢子喷射出去。马勃还会利用雨水的压迫释放孢子，借助风力扩散。蘑菇不仅在森林草原环境中生长，新疆的荒漠地带也能看到一些特殊种类。

我们对森林生态系统是否完整进行评价，林下物种多样性是重要指标，其中真菌种类的丰富度最有代表性。阿尔泰山的喀纳斯自然保护区有着中国北方最好的原始森林之一，大家可以去那里领略一下河谷森林里绚烂多姿的真菌世界。

沙漠里也能长出蘑菇

野生平菇味道鲜美

外形特别的珊瑚菌

荒野贴士

“动物界”代表所有的动物，又分为脊椎动物和无脊椎动物两大类群，其中的脊椎动物类群归为脊索动物门，包括了哺乳纲、鸟纲、两栖纲、爬行纲和鱼纲 5 个类群。哺乳动物用乳汁哺育后代，通常身体表面被毛，并进化出与头骨附连的下颌骨，根据生殖方式差异又分为卵生类、有袋类和胎盘类哺乳动物。鸟类是从爬行动物进化而来，具有飞行能力，尽管有些种类失去了飞行能力，但仍然保留着羽毛。两栖动物拥有无鳞片的光滑皮肤，它们在水中产卵，幼体生活在水中，经过变态发育才可以呼吸空气。爬行动物是最早征服陆地的动物，凭借不透水的鳞片皮肤、体内受精的繁殖方式和外壳封闭的卵，可以不依赖水环境而在陆地上生活。鱼类是具有鳃和鳍的水生脊椎动物。

荒漠戈壁

新疆远离海洋，大部分地区属于干旱、半干旱的环境，是全国沙漠面积最大的省份。南部的塔克拉玛干沙漠和北部的古尔班通古特沙漠是中国面积第一和第二的沙漠，位于阿尔金山的库木库里沙漠是世界上海拔最高的沙漠，鄯善县境内的库姆塔格沙漠号称“离城市最近的沙漠”。新疆除了沙漠还有浩瀚的戈壁滩，戈壁滩又称石漠，是地表细沙被风吹走后留下粗大砾石的地区。值得一提的还有因为风蚀作用形成的雅丹地貌，罗布泊的“白龙堆”、乌尔禾和哈密的“魔鬼城”、奇台的“诺敏风城”、吉木萨尔的“五彩城”都是非常壮观的雅丹地貌美景。

南疆的塔里木盆地大部分被流动性沙漠占据

当然，荒漠戈壁中也不乏具有极强适应性的动物，北疆的卡拉麦里戈壁荒漠区是有蹄类动物的乐园，普氏野马、蒙古野驴、鹅喉羚是这里的主人。小型的啮齿动物、爬行动物和昆虫大多穴居，白天它们在洞穴中躲避炙热的阳光，到了晚上纷纷出来活动，荒野立即就喧嚣起来。南疆的塔里木盆地大部分被流动性沙漠占据，是比较封闭的环境，动植物种类少于北疆的准噶尔盆地，但正是因为这种独特的地理环境，造就出很多特有物种。

艰辛生存的羚羊

一只雄性鹅喉羚

鹅喉羚广布于新疆的低海拔戈壁荒漠环境，体态优雅、奔跑迅速，雄性有一对具环形横脊的角向后伸展，雌性无角，新疆人叫它们“黄羊”。其实鹅喉羚与分布在内蒙古的黄羊是两个不同的物种，因颈的前部有一瘤状物而得名。鹅喉羚是荒漠戈壁环境里适应性最好的有蹄类动物，种群曾经很昌盛，但近些年人们不断占据它们的草场和水源地，鹅喉羚在夏季的干旱和冬季的大雪时，往往面临灭顶之灾。在新疆北部准噶尔盆地的荒原上曾经还生活着一种高鼻羚羊，又叫赛加羚羊，它们的角被认为具有很强的药性，导致早年被大量猎杀，目前在中国境内的野外种群已经基本灭绝。

人类的牧业活动侵占了鹅喉羚的家园

一只死于干旱的鹅喉羚

博物馆里的赛加羚羊标本

带着幼崽的雌性鹅喉羚

一群在水源地饮水的鹅喉羚

善于奔跑的波斑鸨

吉祥三鸨

新疆的荒漠草原上生活有 3 种鸨，大鸨、波斑鸨、小鸨，被观鸟者们戏称为“吉祥三鸨”。

带着幼鸟的大鸨

鸨类善于奔跑，形似鸵鸟，喜欢在视野开阔的环境繁殖，有任何威胁都会提前发现。它们主要吃荒漠植物的嫩芽，也吃沙蜥和昆虫，基本不喝水，非常适应炎热干旱的气候。“吉祥三鸨”都是非常珍稀的鸟类，它们春季来到新疆各地繁殖，秋季常集结成群，冬季则飞往南方越冬。

准备集群迁徙的小鸨

黑顶麻雀

家麻雀

麻雀

各种各样的“麻雀”

人们常说的“麻雀”主要是指生活在城市里的麻雀和家麻雀，它们更喜欢在人居环境里与人为伴，在城市里找寻食物并利用城市建筑安家落户。其实新疆的麻雀家族里还有其他的种类，在南、北疆的荒漠环境里还生活着黑顶麻雀和黑胸麻雀，听名字就知道它们最突出的形态特点了。新疆还有一种喜欢在石堆缝隙里筑巢繁殖的石雀（也称“石麻雀”），喉部有醒目的黄色，比较容易辨认。

黑胸麻雀

石雀

“恐龙”的战斗

捷蜥蜴

有一年春天，塔城的戈壁滩上出现了有趣的一幕：一只麻蜥（当地人叫“麻什子”）咬住另一只的尾部不放，旁边突然又杀出一个程咬金，开始撕扯前者，三只麻什子互相撕咬，翻滚着打成一团。其实这是敏麻蜥在求偶，雄蜥蜴要想咬住雌蜥蜴的尾部确立恋爱关系，奈何还有其他示爱者加入乱战。

新疆有 8 种麻蜥，都是爬行纲有鳞目蜥蜴科的种类。麻蜥是极具新疆特色的爬行动物，大多数种类在国内都仅分布于新疆：网纹麻蜥只分布在新疆伊犁地区，而虫纹麻蜥和荒漠麻蜥主要分布于新疆东部和塔里木盆地；密点麻蜥和快步麻蜥外貌变化多样，野外常常难辨；捷蜥蜴在新疆北部广泛分布，但是在英国却是一级保护的爬行动物；阿尔泰山区还分布着一种较为独特的胎生蜥蜴，它们是这些蜥蜴中唯一卵胎生的种类。

两雄一雌的战斗

虫纹麻蜥

网纹麻蜥

快步麻蜥 幼

快步麻蜥

胎生蜥蜴

密点麻蜥

捷蜥蜴 雌

敏麻蜥

八条腿的猎手

园蛛科的种类都很善于结网

蜘蛛在我们生活中很常见，它们不属于昆虫（昆虫都是六条腿），而是节肢动物门蛛形纲蜘蛛目的动物。蜘蛛有四对步足，也就是常说的八条腿，其实在它们的头部还有一对短小的触肢和一对钳状的螯肢，螯肢就像一对毒牙，绝大多数蜘蛛的螯肢内含毒腺。荒漠里的蜘蛛是危险的捕食者，它们各自拥有不同的必杀技。园蛛是守候型捕食者，它们都能结出漂亮的蛛网，一旦昆虫撞上便再难逃脱。穴居狼蛛是埋伏型，它们体型很大，会对经过的昆虫发动突袭，并用螯肢注入毒液，甚至会攻击鸟类。跳蛛体型一般很小，模样甚是可爱，在沙砾中蹦跳，它们是追击型猎手。蛛形纲里还有些不是蜘蛛的种类在荒漠里常见，蝎目的条斑钳蝎和避日目的毛腿避日蛛也都是凶悍的猎手，它们甚至可以杀死隐耳漠虎这样小型的爬行动物。

毛腿避日蛛在夜间找寻食物

跳蛛是追击型捕食者

穴居狼蛛的触肢、螯肢和外露的“毒牙”，它们可以长到拳头大小，是令人生畏的杀手

条斑钳蝎尾端的毒刺

蜘蛛除了“八爪”还有触肢和螯肢

猎手无处不在，荒漠中设下微小的陷阱

避日蛛捕猎隐耳漠虎

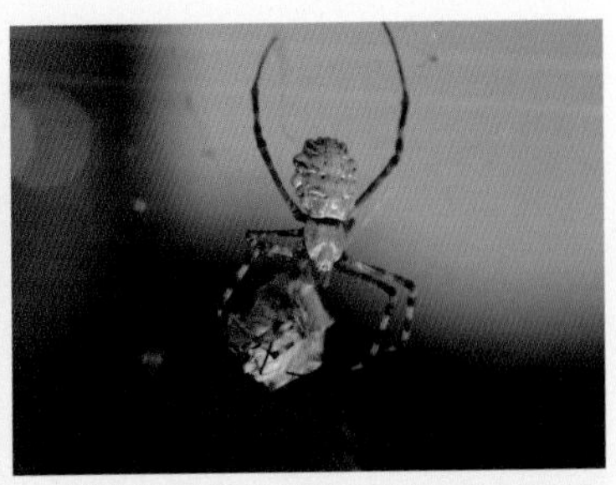

叶金蛛是荒漠中体型较大的园蛛科种类

蝈蝈、蚱蜢、蛐蛐

一只绿螽捕食一只蝗虫

长尾螽在产卵

红翅瘤蝗在交配

蝈蝈、蚱蜢、蛐蛐分别指的是直翅目昆虫里的螽斯、蝗虫和蟋蟀。蝗虫和螽斯长相相似，螽斯的触角很长而蝗虫的很短。它们分布在荒漠、草原和高山，种类多、数量大。它们的植食性和群体性常会危害农作物和草原,所以被称为“害虫”。其实昆虫的害与益，都是站在人类的自身利益角度判断，它们在自然界中自然有自己的天敌和种群平衡之道，之所以成害，往往是因为人类破坏了原有的自然平衡法则。在新疆繁殖的食虫性鸟类，它们种群大小的变化往往和当年当地的昆虫、植物，以及降水变化息息相关。我们在北塔山荒漠草原有一个很有趣的发现：这一地区食物匮乏，鼠类和沙蜥都很少，但是红隼繁殖得很兴旺，喂养小红隼的主要食物竟然是当地的一种大型蝗虫。

荒漠灰硕螽

沙漠中的无翅蟋蟀

草原黑蟋

一只沦为食物的草螽

北塔山的大型蝗虫

夜里“鸣叫”的硕螽

高山上翅膀退化的一种无翅蝗

灰螽

红翅蝗

斑跳螽

黑条小车蝗

疣盾螽

跳螽

锥头蝗

驼背蝗

甲虫猎手

虎甲强大的咀嚼器

蝼步甲属的大头步甲

粒步甲

甲虫是昆虫纲鞘翅目的通称，是昆虫纲乃至动物界里种类最多、分布最广的一个目，也是昆虫爱好者最喜欢的类群之一。虎甲和步甲除了有漂亮的鞘翅外，还有突出而锋利的咀嚼器，它们以猎杀其他昆虫为食。虎甲善于短距离飞行而步甲善于快速爬行，虎甲喜欢暴露在阳光下而步甲多隐蔽和夜行。疆星步甲是新疆体型最大的步甲，鞘翅具绿色的金属光。拉虎甲则同时具有红色和绿色两个色型。

暗步甲

月斑虎甲

瘢痕步甲

体型很大的疆星步甲

虎甲也有夜间捕食的种类

拉虎甲

虎甲很喜欢沙地环境

伪葬步甲

斜斑虎甲

彼步甲

荒野清洁工

掘洞的台风蜣螂

献给“新娘”的粪球

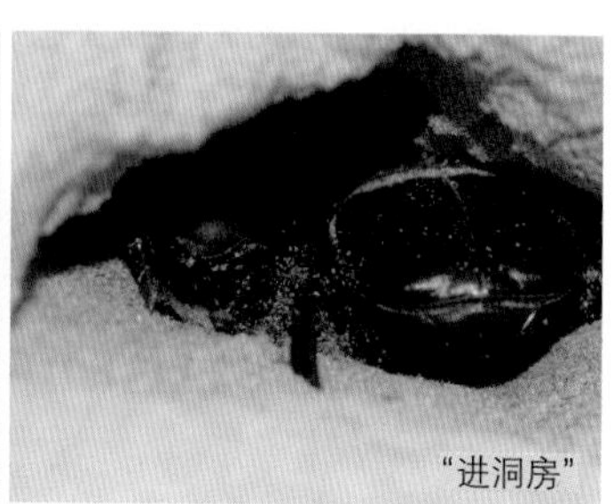
“进洞房”

台风蜣螂是新疆荒漠草原上体型最大的蜣螂，和其他种类的蜣螂一样，它们多以植食性动物的粪便为食。一坨新鲜的粪便刚刚诞生，台风蜣螂就在很远的地方探测到了“美食”的气味，在空气中划出一道轰鸣，准确地降落在粪便周围，这恐怕就是“台风”的由来吧。台风蜣螂滚粪球非常有意思，雄虫在恋爱的时候会用粪球招引“新娘”，然后挖一个洞，带着粪球一起“洞房”，“新娘”将卵产在粪球中，它们的后代一出生就吃住不愁。蜣螂以及鞘翅目金龟甲科的其他种类及时清理牲畜的粪便，控制了蝇虫的大量滋生，净化了野外环境。除了粪便，动物的尸体也需要清理，除了一些食腐动物和鸟类，昆虫也大显身手。以葬甲科和阎甲科昆虫为代表的嗜尸甲虫正是食物链中的分解者，有效地防止了病菌的传播。

台风蜣螂滚粪球

金龟的飞行能力都很强

蜣螂的长角适合掘洞

贝加尔粪金龟

粪便引来大量蜣螂

体型很小的嗡蜣螂

中亚粪金龟也是掘洞好手

极北亡葬甲
黑阎甲
覆葬甲
脊葬甲
异颚阎甲
干葬甲
具斑阎甲
暗葬甲

装死的象鼻虫

玛瑙色象

在荒漠植物上生活着形形色色的象鼻虫，它们因为突出的喙而得名。象鼻虫行动缓慢，受到惊吓后并不选择逃跑，而是落到地面上立即装死。虽然很多甲虫种类都有假死的特点，但是象鼻虫可称得上装死大赛的冠军，它们六脚朝天任凭你怎么摆弄都会坚持把装死进行到底。象鼻虫属于鞘翅目象甲科的昆虫，是甲虫里数目最大的一个类群。象鼻虫植食性，从幼虫到成虫都以植物的根和茎叶为食。为了保护自己，象鼻虫进化出了甲虫里最坚硬的鞘翅。

象甲

大粒甜菜象

黑斜纹象 虎斑象 黑甜菜象

粉红锥象 条带尖眼象 四条短柄象

象甲 象甲 象甲

象甲 象甲 象甲

象甲

荒漠黑小丑

身上长满长毛的漠甲

在夏季炎热的沙地上，活动着各种地栖型甲虫，和会长距离飞行的黑色蜣螂不同，它们是只能在地面爬行的拟步甲科甲虫。以黑色为本色的拟步甲相貌丑陋、种类繁多，这些漠甲、鳖甲、土甲、刺甲、长足甲、琵琶甲等都非常适应荒漠环境。它们的附肢长而强健，可以在滚烫的沙地上快速奔跑，并能将身体抬离地面。但是它们丧失了飞行能力，后翅退化后在鞘翅下形成鞘下窝，以减少体内水分的散失和降低体温。这些地栖性甲虫都是挖掘好手，只需要一小会儿就能在沙地上挖出一个用来隐藏自己躲避烈日的洞穴。较大体型的甲虫体内都有发达的脂肪体，既能贮水也能形成代谢水，无疑也是对荒漠环境的一种极好适应。

吐鲁番的尖跗锯天牛是新疆体型最大的天牛

类沙土甲　白条东鳖甲　戈壁琵琶甲　德氏长足漠甲　刺甲　侧琵琶甲　荒漠上的鳖甲种类非常多　晚上出来活动的白毛扁漠甲　光滑胖漠甲　沙地上掘洞的蒙古光漠王

荒野贴士

地球上 95% 的动物都是无脊椎动物，它们的背部没有脊椎或脊柱，根据不同的身体形态被划分为 30 个门。其中有些类群拥有一个充满体液的体腔，如线虫动物门和环节动物门，它们都具有柔软的身体。有些类群拥有保护自己的硬壳，例如软体动物门的贝类、螺、蜗牛等。具有外骨骼的节肢动物里有许多是我们较为熟悉的类群，其中包括了螯肢亚门的蛛形纲动物、单肢亚门的多足类和蜈蚣类、甲壳亚门的虾类、六足亚门的昆虫纲动物等。昆虫纲动物超过 100 万种，包括了人们熟悉的蜻蜓目、螳螂目、蜚蠊目的蟑螂、等翅目的白蚁、直翅目的蝗虫、鞘翅目的甲虫、双翅目的蚊蝇、鳞翅目的蝴蝶、膜翅目的蜜蜂等。

临近傍晚，一只雄性环颈雉小心翼翼地来到田野里觅食

乡村城市

新疆大部分地区气候干旱、降水稀少，水源补给主要依赖雪山融水。三大山脉的固态水库——冰川以及冬季的积雪在炎热的夏季不断融化，汇集成的河流出山后形成冲积扇，补给地下水。自古人们便逐水草而居，在吐鲁番盆地，人们利用坎儿井引导宝贵的水源，在寸草不生的戈壁滩上创造出一个个生机勃勃的葡萄沟，并建起城市，所以新疆的城市和农耕区的分布多围绕两大盆地的边缘并紧靠三大山脉，这些绿洲呈梳状和串状分布，并被荒漠环境分隔。在城市乡村的边缘，甚至公园、水库、养殖场等人工环境，同样有丰富的野生动植物。

人类的生产生活改变着自然界，也不断地试图适应大自然，大自然中的动物们也在不断地适应着人类。有些动物更能够适应被人类影响的生存环境，而有些动物却因此走向灭亡。

大耳猬

被捉住的“偷瓜贼”

农田里的小偷

最新的哺乳动物分类将原属于食虫目的刺猬归入新建立的猬形目，代表着科学界认为它们属于独立进化的一支。猬形目是较小的一个类群，大耳猬是新疆唯一分布的一种，南、北疆低海拔的荒漠、田野，甚至村庄都常见到它的身影。它们长相可爱，偶尔会偷吃甜瓜、葡萄，但刺猬可不只是“吃素的”，荒漠地带的沙蜥甚至蛇如果遇到刺猬，那可算是大难临头了。

大耳猬吃沙蜥

被狐狸吃掉的大耳猬只剩下带刺的皮

公园里一只乞食的花鼠

公园来客

城市的公园里常有些不速之客，甚至长期生活了下来，例如松鼠和花鼠，偶尔还出现一些本地没有分布的奇怪鸟儿。这些情况多来自于城市人的宠物逃逸和“放生”行为，这些来自花鸟市场的小动物，有很多不是本地物种，被人贩运到新疆。例如近年在乌鲁木齐市区发现的红嘴相思鸟、红嘴蓝鹊、斑椋鸟、丝光椋鸟等来自内地的鸟儿，它们在野外无法适应本地的环境和气候，最后往往是死路一条。也有些适应性很强的鸟种，例如灰喜鹊、黑尾蜡嘴雀等通过这种方式扩散到新疆并形成了野生种群。

田野雉鸡

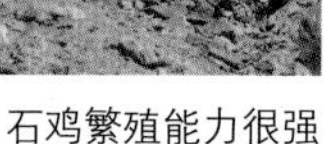

石鸡繁殖能力很强

石鸡就是人们常说的“呱嗒鸡”

人们俗称的“野鸡”，指的是雉科鸟类，包括环颈雉、石鸡、山鹑、西鹌鹑等。雉鸡类繁殖能力都很强，随着近些年保护状况好转，它们又大量出现在田野乡村，雉鸡类在生物链里是一些猛禽和食肉动物的重要食物，人们杜绝食用野鸡其实是保护了其他珍稀的野生动物。

雌环颈雉长得不那么漂亮

斑翅山鹑在靠山的村庄附近很常见

分布于昆仑山的高原山鹑

田野里的雄性环颈雉

西鹌鹑夏季遍布乡村田野

分布于新疆西北部的灰山鹑

捉老鼠的猛鸮

一“猫”顶百鸟

猫头鹰是鸮形目鸟类的俗称，新疆记录有 12 种。猫头鹰长相独特，多数种类在野外都罕见，所以深得观鸟爱好者喜爱，素有“一‘猫’顶百鸟”之说。但有些地方视猫头鹰为不祥之物，大概是因为猫头鹰的叫声让人们觉得神秘可怕。但新疆的哈萨克族却喜欢悬挂猫头鹰的羽毛，认为猫头鹰可以带来神灵庇佑。猫头鹰多以鼠类为食，所以多出现在村庄和田野附近，人类为了灭鼠大量使用毒药，导致它们的食物资源减少甚至间接中毒，这才是现在猫头鹰大大减少的主要原因。

体型最大的雕鸮

纵纹角鸮白天睡大觉，对自己的“隐身术”很自信

纵纹腹小鸮把家安在树洞里

长耳鸮

村子附近杨树林里长耳鸮的宝宝

雪鸮

在村庄里越冬的短耳鸮

燕子归来

屋檐下的家燕

岩燕的巢

家燕是与我们很亲近的鸟儿，每年春天从遥远的南方如约而至，精确地找到前一年的繁殖地，用唾液和泥巴重新修筑屋檐下的旧巢。燕子属于雀形目燕科，在新疆还有几种。毛脚燕穿着蓝色的闪光外衣，腹部和腿部有白色的羽毛，它们是“啄春泥”的好手，喜欢集群将巢粘在墙壁上。岩燕的翅膀特别狭长，在山区的石壁上筑泥质的盘形巢。崖沙燕的巢很特别，它们不啄泥筑巢，而是在邻水的沙质岩壁，用嘴和爪掏挖出密集的洞巢来繁殖后代。

秋天准备南飞的家燕群

岩燕

在土崖上集群繁殖的崖沙燕

衔泥的毛脚燕

寄生的布谷鸟

大杜鹃

鹡鸰喂养大杜鹃雏鸟

每到春季，田野里总能听到“布谷、布谷”的叫声，这是大杜鹃，俗称“布谷鸟”。它们带金眼圈的黑眼睛贼溜溜到处巡视，并不是要找吃的，而是找地方下蛋呢。鹃形目的鸟类有独特的寄生繁殖方式，它们自己不筑巢，而是乘其他小鸟不注意时将自己的蛋下进它们的巢里，让别的鸟替自己抚养后代。大杜鹃常选择鹡鸰和苇莺这样的小鸟作为寄主，所下的蛋也和寄主鸟类的蛋非常相似，使寄主无法察觉。大杜鹃的雏鸟会比寄主的雏鸟先出壳，它会本能地将其他没有孵化的卵拱出巢区，这样就可以独享养父母的爱。它们体型较大，所以在野外我们会见到一只很小的鸟儿在辛苦喂养一只比它大得多的家伙。

不受欢迎的大杜鹃

鸟类建筑师

白冠攀雀的巢精致无比

筑巢的白冠攀雀

白冠攀雀筑巢的本领在鸟类里堪称一绝，它们衔来野外散落的驼毛和羊毛，在柳树和杨树之上筑起梨形的吊巢。攀雀首先会用长毛和细枝编出一个椭圆形，然后不断地添丝加线，最后变成仅留一个小出口的大毛囊，用来生儿育女。鸟类只有在每年的繁殖季节才会建一个“家”，尤其是善于筑巢的雀形目小鸟，都会因地制宜地建造精致的、不可思议的育儿室。

乌鸫在阳台下筑了巢

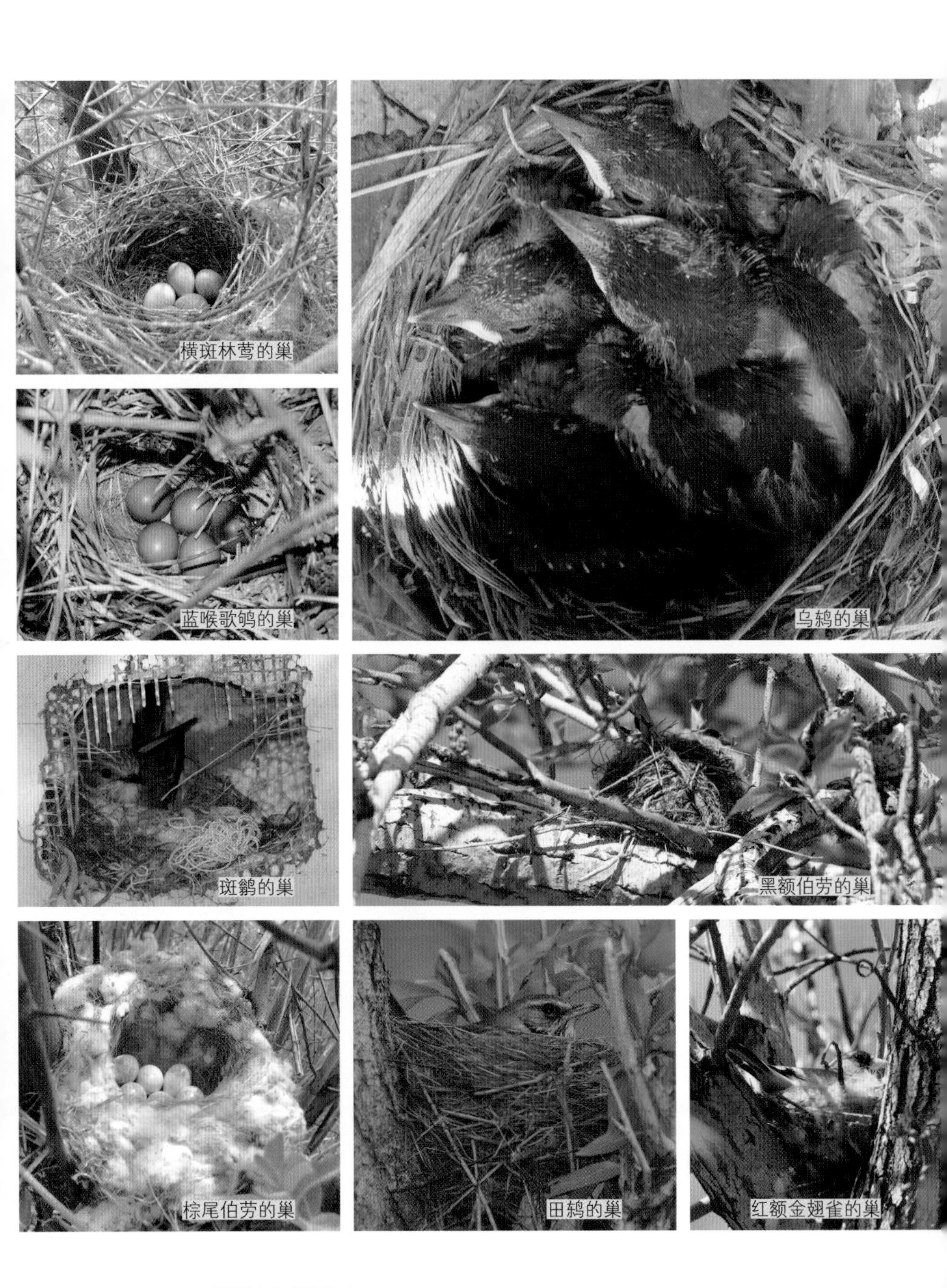
横斑林莺的巢
乌鸫的巢
蓝喉歌鸲的巢
斑鹟的巢
黑额伯劳的巢
棕尾伯劳的巢
田鸫的巢
红额金翅雀的巢

蝴蝶和蛾子

红斑蛾

鹿蛾

尺蛾酷似蝴蝶

蝴蝶和蛾子都是鳞翅目的昆虫，基本都是虹吸式口器，喜欢吸食花蜜，所以午后花园里总会有蝴蝶翩翩起舞。那怎么区别蝴蝶和蛾子呢？蝴蝶的触角为棒状，形似棒球杆，蛾子的触角变化比较多，多为羽状。另外蝴蝶多在白天活动，而蛾子喜欢夜间活动；蝴蝶

这是一只极其乱真的蛾子，唯有触角露了馅

灯蛾的羽状触角

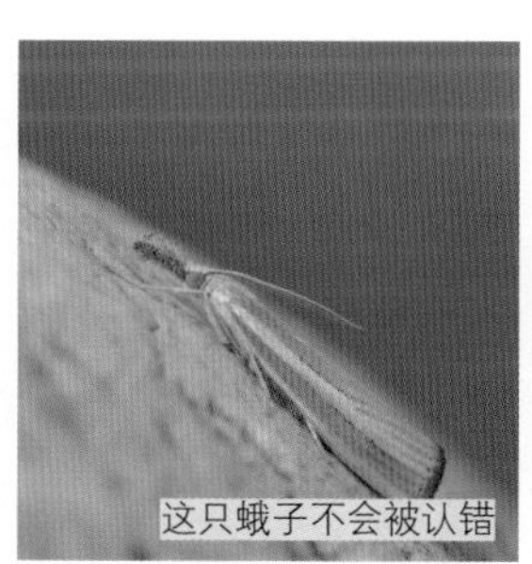
这只蛾子不会被认错

蝶角蛉也有棒状触角

停落时翅膀喜欢立起来，而蛾子喜欢平铺；蝴蝶腹部较细而蛾子较粗。当然以上几点是大多数情况，也不乏例外。新疆有超过 300 种蝴蝶，包括凤蝶、绢蝶、粉蝶、眼蝶、蛱蝶、灰蝶和弄蝶，而蛾子的种类要比蝴蝶多得多。

新疆还有一种蝶角蛉，长着蝴蝶一样的触角，但是翅膀又像蜻蜓，它既不是蝴蝶也不是蜻蜓，是脉翅目的昆虫。

红灰蝶

箭纹云粉蝶

潘非珍眼蝶

图兰红眼蝶

钩粉蝶

中亚绢粉蝶

豆粉蝶

白室岩眼蝶
富丽灰蝶
仁眼蝶
欧洲菜粉蝶
灿灰碟
卡都云眼蝶
克星点弄蝶
寿眼蝶
珞灰蝶

花园里的“蜂鸟”

小豆长喙天蛾

花园里的天蛾

夏季在乌鲁木齐等城市的花园里，会不经意发现花丛中有几只“蜂鸟”在飞舞,它们急速振翅悬停在花朵上方,伸出长长的“舌头”在花蕊中吸食花蜜。这种常常被人认错的家伙其实是一种昆虫，属于鳞翅目天蛾科，它们种类繁多，很多种在形态和行为上都酷似我们想象中的蜂鸟（蜂鸟仅分布于美洲），但它们的翅膀没有像鸟儿一样的羽毛，长长的嘴巴也只是虹吸式的口器而已。

白薯天蛾

似蜂鸟的天蛾

蜾蠃的巢

螟蛉有子，蜾蠃负之

新疆黑蜂

小唇泥蜂

蚂蚁

蜾蠃

古人的知识水平有限，看到蜾蠃经常叼着螟蛉的幼虫回巢，然后过一段时间，就会有一只新蜾蠃破巢而出，还以为蜾蠃没法繁殖后代，需要抱养螟蛉的幼虫作为自己的后代，所以“螟蛉子”的意思是抱养或认养的义子。实际螟蛉的幼虫只是蜾蠃幼虫的食物而已。

蜾蠃和我们熟悉的蜜蜂、马蜂、蚂蚁等都是膜翅目昆虫的不同类群。

土蜂

熊蜂

中华蜜蜂
叶蜂
切叶蜂
角马蜂
蚁蜂
蛛蜂
紫兰木蜂
姬蜂
泥蜂

青蜂

我们展示、分享美丽的荒野、精彩的瞬间，是希望会有更多的人走进自然，学会观察，科学地体验真实的自然。我们不仅想传播知识，更希望传播一种意识——地球是所有生物共同生活的家园，我们有责任保护好它们。

意大利蜜蜂

荒野贴士

“植物界”和其他的界一样，也被进一步分为更小的单位——“门”，主要包括了被子植物门、裸子植物门、蕨类植物门、藻类植物门，以及苔藓。“被子植物”又叫开花植物，除了根、茎、叶之外，还有区别于其他植物的重要繁殖器官——花，再根据种子结构的不同细分为“双子叶”和“单子叶”两个纲；“裸子植物”因其种子通常暴露于外而得名，我们熟悉的有松、柏、银杏、苏铁等；“蕨类植物”生长在潮湿的地方，没有花，叶子由地下的茎长出；“藻类植物”没有根、叶和花，但是含有叶绿素，能进行光合作用；“苔藓”没有真正意义上的根，毛茸茸挤成一片。“真菌界”的种类极其丰富，人们所知的只是很小的一部分，其中很多被用来制造食品、调味品、酒和抗生素等，野外常见的“野蘑菇”就是能长成子实体的大型真菌。

第二篇

荒野新疆

——『三山夹两盆』里的独特动植物

新疆地跨中国西北部的广大地域，总面积占到全国的六分之一。从北往南依次是阿尔泰山脉、准噶尔盆地、天山山脉、塔里木盆地、昆仑山山脉,组成了独特的“三山夹两盆”地貌，形如新疆的“疆”字右半边。新疆既有南部的诸山地与青藏高原相连，又有北部的伊犁河、额尔齐斯河与广阔的中亚大草原以及北冰洋相通；既有位于中巴边界海拔8611米的世界第二高峰乔戈里峰，又有全国陆地最低点——吐鲁番盆地低于海平面154米的艾丁湖。中国最干旱的区域塔里木盆地有中国最长的内陆河塔里木河、有中国最大的内陆淡水湖博斯腾湖，北部阿尔泰山有中国北方最好的原始森林、有被称作“东方瑞士”的喀纳斯。中国最高的温度记录52℃出现在新疆吐鲁番盆地，而最低的−52℃则出现在新疆的阿尔泰山区。

如此极端的地理、气候差异，催生出新疆极具适应性和特殊性的野生动植物以及生态系统类型，共同构建了中国北方最具特色最丰富的生物多样性。

对鸣时姿态
2016.9.24
半浸水中。

阿尔泰山地区

阿尔泰山脉是新疆北部边界山脉，我国境内的阿尔泰山属于它的中部南坡，自西北向东南，连绵约 500 千米至北塔山。山峰海拔一般在 3000 米左右，位于中、蒙、俄三国交界地区的友谊峰，海拔 4374 米，是阿尔泰山脉的最高峰。来自大西洋的西风气流沿额尔齐斯河谷进入阿尔泰山，降水充沛，愈向东南，山地高度降低，降水量也相应减少，森林则变得稀疏，流向北冰洋的额尔齐斯河以及注入乌伦古湖的乌伦古河都发源于阿尔泰山脉。

阿尔泰山纬度较高，分布着我国最好的泰加林，高山区域气候寒冷，类似极地气候，因而分布着很多极地动物，例如雪兔、雷鸟、斑脸海番鸭、极北蝰等。阿尔泰山西部的喀纳斯国家级自然保护区，是人类极少涉足的区域，是动植物的

喀纳斯湖

可可托海石钟山

基因库，有着“人间净土”的称号。阿尔泰山的东部森林减少，石质山体突出，可可托海的石钟山高耸入云，被称为我国的“优胜美地”。北塔山则是阿尔泰山的余脉，是连接蒙古高原和准噶尔盆地的咽喉要道，也是重要的鸟类迁徙通道。

北塔山牧场

林中的“骆驼”

欧亚驼鹿是世界上最大的鹿科动物，在中国，仅分布于新疆阿尔泰山脉的泰加林中。它们肩部高高凸起，远看很像是骆驼，长而宽的脸部也与骆驼神似，因而得名“驼鹿”。驼鹿的角有别于马鹿的枝杈状而呈掌形和铲形，也是雄性用来争斗的武器，成年雄鹿的大角会在每年开春脱落然后长出新角。

仅分布于阿尔泰山的驼鹿

阿尔泰山的马鹿

在雪地上玩耍的三只貂熊

貂熊

貂熊

“金刚狼”

貂熊四爪粗壮像熊，嘴巴突出像貂，但是它并不是熊，而是鼬科家族中的“猛兽”。它的体态像獾，大尾巴又很像狼，所以还有个俗名叫“狼獾”，是金刚狼的原型。它们机警凶猛、本领强大，可以追捕雪兔，也可以爬树偷袭松鸡，甚至猎杀马鹿、狍子这样体型较大的动物，还会游泳捕鱼。为了度过食物匮乏的冬天，它们也吃动物尸体，会像熊一样冬眠。貂熊在中国仅分布于东北地区和新疆，而在新疆仅分布于阿尔泰山的高山区域，是非常珍稀的大型鼬科动物。除了种类较多的鼬亚科动物之外，新疆的鼬科动物中还有两个特殊的种类，分别是水獭亚科的水獭和獾亚科的狗獾，它俩的境遇大相径庭。水獭因为野外鱼类资源和水资源的破坏，目前在野外已经非常罕见，而狗獾的种群却很壮大，几乎遍布全国。

会飞的松鼠

小飞鼠

小飞鼠又叫普通鼯鼠，是啮齿目松鼠科鼯鼠亚科唯一分布在新疆的种类。在阿尔泰冷杉和桦树林区，小飞鼠利用伸展的皮毛从一棵树滑翔到另一棵树。树皮以及浆果、菌类、昆虫都是它们的食物。因为它主要在夜间活动，所以我们白天在野外很难见到，但是我们却可能见过它们经年累月积蓄在岩石缝隙中的粪便，那是名贵的中药材——五灵脂。

不寻常的兔子

雪兔是种体型较大的兔子，在新疆主要分布于阿尔泰山和塔城地区，耳朵较短且顶部有明显的黑色。雪兔很适应北方的环境，夏季皮毛呈棕灰色，到了冬季就变换为完全的白色，故称雪兔。雪兔有群居的特点，常常集体觅食，但是它们以夜行性为主，所以比其他的野兔显得罕见。新疆各地最常见的野兔是草兔，也叫蒙古兔。

雪兔的夏装

雪兔的冬装

草兔

岩雷鸟冬羽

即将完成换羽的岩雷鸟

岩雷鸟的夏装极具隐蔽性

变装大师——雷鸟

雷鸟是一类松鸡，属于极地苔原鸟类，在新疆仅分布于阿尔泰山高海拔地区，它们栖息在山顶上，即使是寒冷的冬季也不会到山下来。繁殖季节，岩雷鸟和柳雷鸟脱去一身雪白的冬装，开始展示绚丽的夏装：柳雷鸟偏棕红色，和它们喜欢活动的灌丛区颜色接近，而岩雷鸟因为喜欢在更高些的岩石区，所以颜色偏灰色。不论是雪白的冬装还是绚丽的夏装，都是为了更好地和环境融为一体从而隐蔽自己。

换羽中的岩雷鸟

一席暗红夏装的柳雷鸟

极地水鸟

阿尔泰山有众多的高山湖泊

斑脸海番鸭是繁殖于极地、越冬于海上的一种迁徙性水鸟，脸部有白色的斑块，长相非常特别。因为阿尔泰山独特的高山气候条件与极地环境颇为相似，每年都会有斑脸海番鸭来到阿尔泰山的高山湖泊中繁殖。黑喉潜鸟繁殖于环北极地区的河流，也是典型的极地水鸟，也曾经被记录于喀纳斯湖。

斑脸海番鸭

黑喉潜鸟是典型极地鸟种

长相特别的雄性斑脸海番鸭

罕见的黑喉潜鸟

松鸡的舞会

阿尔泰山的森林深处，每年春季冰雪还没有完全消融的时候，松鸡们便在清晨聚集在固定的林间空地，进行年年上演的求偶大戏。雄性的西方松鸡是泰加林里体型最大的鸟儿。它们巨大的喙上下敲击，发出“当当”的声响，低着头、伸长脖子、炸开尾羽，相互比拼炫耀的舞蹈，甚至进行惨烈的打斗。因为只有获胜者才能被一旁观战的雌性松鸡所青睐。还有一种体型较小的松鸡叫黑琴鸡，分布在新疆的阿尔泰山和准噶尔西部山地海拔较低的地方，它们的求偶大戏常会聚集起几十只雄鸡，胜利者可以占有多只雌鸡。但是等到交配完成，雄性黑琴鸡便远走高飞，让雌鸡独自去生儿育女，真是典型的“薄情郎”。

泰加林里的西方松鸡

黑琴鸡求偶

黑琴鸡的舞会经常变成你死我活的恶斗

东方欧鳊

河鲈

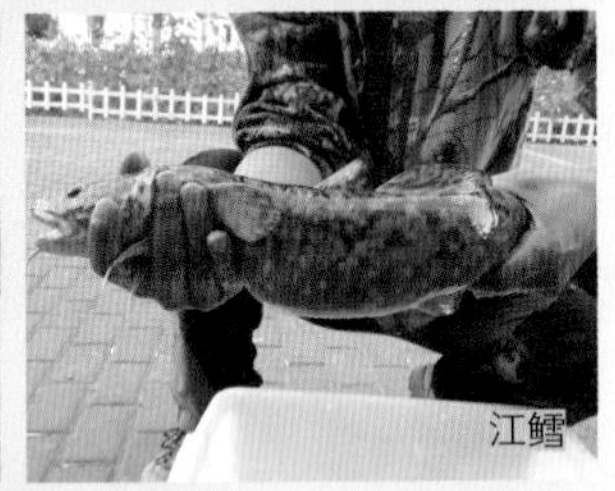
江鳕

粘鲈

红鳍雅罗鱼

北极茴鱼又名“花翅子”

白斑狗鱼

贝加尔雅罗鱼

高山冷水鱼

北极茴鱼当地人称“花翅子”，是阿尔泰山额尔齐斯河流域的高山冷水鱼，以水生昆虫和软体动物为食，生长缓慢，肉质鲜美，成为人们追捧的美食。作为北冰洋水系的额尔齐斯河分布有众多珍稀冷水鱼类，包括被称为“大红鱼”的哲罗鲑（喀纳斯湖水怪）、“小红鱼”细鳞鲑，“白条”贝加尔雅罗鱼、“五道黑”河鲈、“鳊鱼”东方欧鳊、“乔尔泰”白斑狗鱼、“鲇鱼”江鳕等等。鳕鱼多是海洋性的鱼类，额尔齐斯河流域的江鳕作为新疆唯一的鳕形目鱼类，是地壳运动时期的遗留物种。白斑狗鱼风靡新疆南北，是新疆推广最成功的鱼种。但因为过度捕捞，这些珍稀原生鱼的野外种群正迅速减少。

蝴蝶谷

阿勒泰地区富蕴县境内有一条著名的蝴蝶谷，6~7月间，在河谷两侧的山坡草原和灌丛崖壁，到处都是翩翩起舞的蝴蝶。凤蝶、绢蝶、粉蝶、蛱蝶、眼蝶、灰蝶、弄蝶，种类繁多、千姿百态。有些优势种，例如绢粉蝶，在发生期数量巨大，聚集在河边潮湿沙地上汲水，一阵风吹过，纷纷起飞，像夏日里飘起了鹅毛大雪。新疆的蝴蝶资源独特，种类丰富，很多种类的数量都非常大，只要我们走进自然，用发现的眼光去观察，用好奇的心去记录，处处都是蝴蝶谷。

大蚁丘

阿尔泰山林间的大蚁丘

在阿尔泰山的针叶林下，时常见到由松针和碎叶堆起的巨大“坟冢”，走近细看，发现有很多蚂蚁正在附近忙碌着搬运松针，这里便是红林蚁的家。红林蚁是膜翅目蚁科的社会性昆虫，大蚁丘既是巢穴的地上部分也是巢穴的入口，地下部分还会有很多巢室，用来贮存食物和繁育幼蚁，通常会有多只蚁后负责产卵，由数量巨大的工蚁喂养和照看。蚁丘周围通常很难见到别的昆虫，红林蚁是这里的霸主，只看地上蚁丘的高度就可以知道这个蚂蚁王国有多强盛。

红林蚁丘

红林蚁

红林蚁正在围攻一只蜂

幼虫和蛹

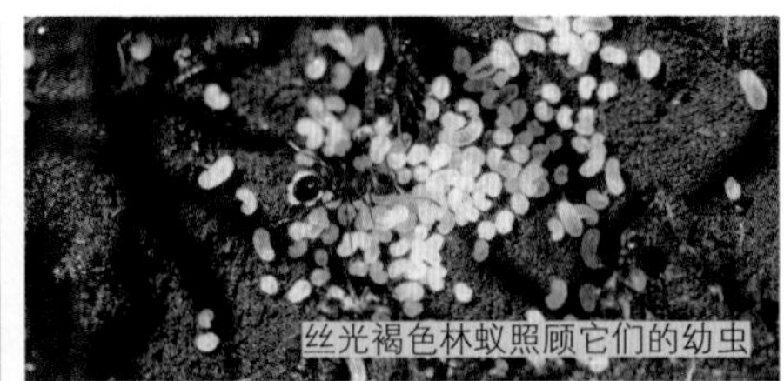
丝光褐色林蚁照顾它们的幼虫

金毛弓背蚁

长翅膀的繁殖蚁

荒野贴士

动物的攻击和防御行为是指同种动物之间所发生的攻击和战斗，主要是因为争夺食物或配偶、抢占巢区或领地而引发。松鸡的舞蹈就是为了争夺异性而进行的激烈攻击；雄性食草动物巨大的角并不是为了防卫天敌，主要的作用就是为了争夺配偶；而食肉动物也经常会为了食物和领地而大打出手。

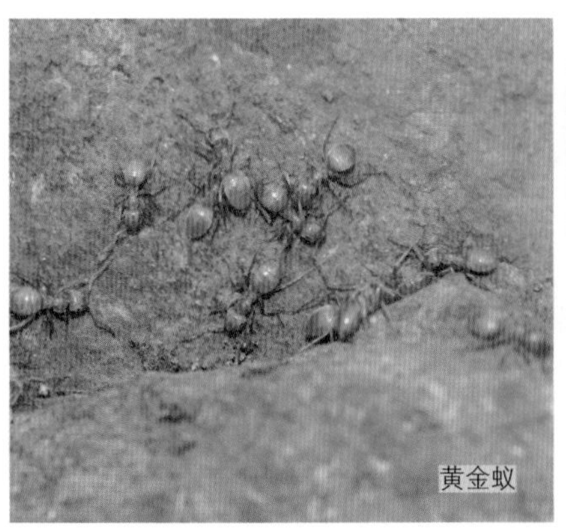
黄金蚁

蚂蚁都是社会性昆虫

准噶尔盆地

福海落日

天山下的准噶尔荒原

准噶尔盆地雅丹地貌

准噶尔盆地位于阿尔泰山和天山之间，轮廓呈不规则的三角形，东西长约700千米，南北宽约500千米，平均海拔500米左右，最低处的艾比湖湖面海拔仅189米。准噶尔盆地又可分为：阿尔泰山南麓平原、博乐谷地、艾比湖低地、天山北麓平原，以及古尔班通古特沙漠等几个部分。

准噶尔盆地的哺乳动物、鸟类、两栖、爬行动物以及荒漠昆虫的种类相比面积大三倍的塔里木盆地要丰富得多，这主要是因为准噶尔盆地的西部和中亚相连，是不封闭的盆地。古尔班通古特沙漠地区降水也较多，为荒漠和戈壁交错的固定沙漠，植物类型丰富，所以在这里生存的动物种类也较为丰富。

野马回归

酷暑水源地的野马

饮水的普氏野马

争斗的雄马

普氏野马曾分布于新疆的准噶尔盆地和内蒙古的西部等地，是世界上唯一一个现存的野生马种，近代逐渐濒临灭绝。1969 年，最后一批野生野马在靠近中蒙边界的地方被人类圈养繁殖。目前在卡拉麦里保护区成功野放的普氏野马就来自蒙古和欧洲的动物园。说到野马的发现和命名不得不提到俄国人普热瓦尔斯基，1878 年他在第二次中亚考察期间，从新疆准噶尔盆地带回了野马的头骨和皮张，才让欧洲科学家们认识和命名了普氏野马。

普氏野马逐渐回归野性

大沙鼠

憨态可掬的大沙鼠

大沙鼠带着幼崽搬家

红尾沙鼠

大沙鼠主要分布于准噶尔盆地、伊犁谷地、哈密盆地的梭梭荒漠地带。十几只大沙鼠组成的家族在沙地上挖掘出有很多洞口的复杂洞穴，它们在洞内贮藏荒漠植物作为食物。它们白天会出来活动,即使在冬季温暖的中午也常可以见到它们。当有其他动物靠近巢区时，总会有放哨的大沙鼠发出尖利的警报声，它们在后足站立的同时还伴着有节奏的踩踏，而钻进洞中的同伴会很快从另一个洞口探出头来“笑眯眯”地打望。沙鼠和跳鼠一样都是荒漠环境中生存的佼佼者，在新疆还分布有红尾沙鼠 、子午沙鼠等。

大沙鼠在松软的沙地群居营巢

子午沙鼠

佛法僧

蓝胸佛法僧

佛、法、僧是佛教中的三宝，这个名字也被用在了鸟类分类中——佛法僧目。佛法僧目在新疆有蜂虎科和佛法僧科两科，其中的黄喉蜂虎和蓝胸佛法僧是新疆夏季常见的漂亮鸟儿，颜色鲜艳多彩，比起新疆其他大多数颜色较为暗淡的鸟类，它们会让人过目不忘。它们都是食虫鸟类，喜欢在空中捕捉蜜蜂和蜻蜓。它们都喜欢集群在沙质土崖上筑洞巢，大多邻水或者靠近草原这类食物丰盛的地方。

黄喉蜂虎的洞巢可深达 1 米

繁殖期的黄喉蜂虎

佛法僧在土崖上营洞巢

艾比湖发现大量度夏的遗鸥

被“遗忘”的鸥

在博乐谷地的艾比湖，近年来持续监测到一种备受关注的鸟儿——遗鸥。遗鸥深受人们关注，是因为它们到 1971 年才被苏联鸟类学家依据哈萨克斯坦阿拉湖的繁殖群而确定为独立鸟种。离艾比湖不足 100 千米的阿拉湖，曾是遗鸥中亚种群的繁殖地，后来因环境变化导致该种群最终解体，多年不再有遗鸥繁殖记录。近年在艾比湖发现的稳定遗鸥记录给遗鸥中亚种群的重新崛起带来了新的希望。新疆的鸥类包括了贼鸥科、鸥科、燕鸥科的 18 种夏候鸟，其中不乏特别的种类。在艾比湖记录到的细嘴鸥，国内非常罕见。繁殖于北极地区、越冬于海洋的短尾贼鸥，也在亚欧大陆腹地的艾比湖被连续记录到。

申秘的遗鸥

来自北极地区的短尾贼鸥

罕见的细嘴鸥

鸥嘴噪鸥
渔鸥
普通燕鸥
棕头鸥
黑浮鸥
小鸥
红嘴巨鸥
银鸥
黄脚银鸥
白翅浮鸥
红嘴鸥

相貌平平的歌手——新疆歌鸲

我是歌手

新疆歌鸲以善于鸣唱出名，在欧洲被称作“夜莺”。每年春天，新疆北部的平原地区，到处都能听到新疆歌鸲整夜不停地高声鸣唱，声音婉转，曲调多样。有一位北京的观鸟爱好者曾在退休后连续三年的春季来新疆看鸟，我好奇地问他最喜欢新疆的什么鸟？他兴奋地告诉我是新疆歌鸲，说它“虽然长相平平，但是歌声太好听了，比在北京听音乐会还令人愉悦”。很多鸟类都善于鸣叫，歌鸲类的鸟儿则更胜一筹。繁殖季节求偶的雄鸟会长久地占据高枝，比拼优美的歌喉，而这一切都是为了赢得雌鸟的芳心。

蓝喉歌鸲
蓝头红尾鸲
红背红尾鸲　雄
赭红尾鸲　雄
红腹红尾鸲
棕薮鸲
红喉歌鸲
红喉歌鸲　雌
白顶溪鸲
欧亚红尾鸲

新疆也有蟒蛇

沙蟒绞杀麻蜥

沙蟒很好地适应荒漠环境

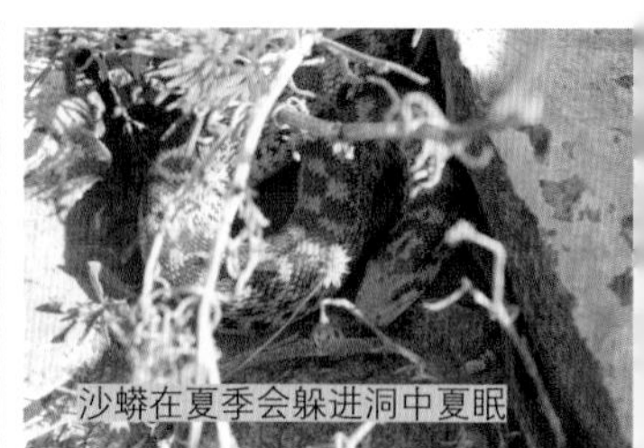
沙蟒在夏季会躲进洞中夏眠

沙蟒属于爬行纲蟒科，是比较原始的小型到中等大小的无毒蛇类，全长一般不超过 1 米，头颈无明显区分，尾巴秃短，生活在沙漠及砾石荒漠，以小型鼠类和沙蜥等为食。沙蟒独特的体型又被人叫作“土棍子”“两头齐”，它们无毒，性情也温顺，所以常被人抓去当宠物养。

虽然沙蟒体型小，比不上大家印象里的大蟒蛇，但是它依然具备了蟒蛇的猎杀技能：它们会一口咬住猎物，用身体紧紧缠住猎物直到猎物窒息，然后打开下颌将嘴巴张到很大，吞下体型较大的猎物。

沙蟒的尾部短粗

荒野大刀客

羽角锥头螳螂体型不小

羽角锥头螳螂若虫

我是模仿螳螂的螳蛉

羽角锥头螳螂是生活在北疆荒漠地带的一种螳螂，它们长相奇特，因为有羽状触角和头顶锥形隆起而得名，是中亚特有种。新疆的螳螂目种类不多，但是极具荒漠特色，大多在国内只分布于新疆。螳螂属于不完全变态昆虫，从独特的卵壳中孵化出的小螳螂会伴随着蜕皮不断长大，根据第几次蜕皮而被称为几龄若虫，直到完成最后一次蜕皮成为成虫，才可以交配产卵。有一种外形和捕食方式都很像螳螂的螳蛉，在准噶尔盆地也有分布，但是它不是螳螂，属于另一种完全不同的类群——脉翅目螳蛉科。

最帅的刀客

国内仅分布于新疆的羽角锥头螳螂

薄翅螳螂　绿色型

薄翅螳螂卵壳

薄翅螳螂　灰色型

短翅搏螳

薄翅螳螂捕食

芸芝虹螳

准噶尔荒漠新发现的记录

伊犁谷地新发现的记录

斑蝥和蝉蜕

蝉蜕

刚刚羽化

荒漠梭梭上的赭斑蝉

斑蝥是指鞘翅目芫菁科的昆虫，体内含有斑蝥素，有抗癌及医治癣患的功效，常见于干旱环境，因此新疆成了它们的乐园。我国有超过 50 种的芫菁科昆虫分布于新疆，其中大多数是新疆特有种类。虽然芫菁有时会对植物造成危害，但是也有优点，许多种芫菁的幼虫寄生于蝗虫的卵囊，是蝗虫的天敌。

广泛分布于荒漠地带的赭斑蝉，发生期数量很大，荒漠植物上满是它们羽化后留下的蝉蜕，而这也是一味传统中药，具有疏散风热的效果。有很多昆虫都被人类食用或药用，但它们更是生态平衡不可或缺的重要组成部分。

藏红花斑芫菁

蒙古斑芫菁

小花沟芫菁

蓝短翅芫菁

曲角短翅芫菁

四点斑芫菁

施氏齿角芫菁

草原斑芫菁

苹斑芫菁

单纹斑芫菁

最美的“外衣”

体型好大，在手心里都沉甸甸的

交配中的大吉丁

美艳绝伦的宝石梭梭大吉丁

鞘翅目昆虫（即甲虫）之所以被昆虫发烧友偏爱，主要是被它们美丽的“外衣”（甲壳）所吸引。如果在新疆选一种甲虫来代表昆虫发烧友的最爱，答案无疑会是梭梭大吉丁。梭梭大吉丁又名天花吉丁，后者总让人联想到那种可怕的病毒，颇不适合这种美丽且巨大的甲虫，相比之下，梭梭大吉丁这个名称则直接反映了它的栖息环境——梭梭灌丛。这种惊艳的大型甲虫属于鞘翅目吉丁虫科，该科的一些种类常常因身体如宝石般璀璨而被制作成名贵宝石的替代品。

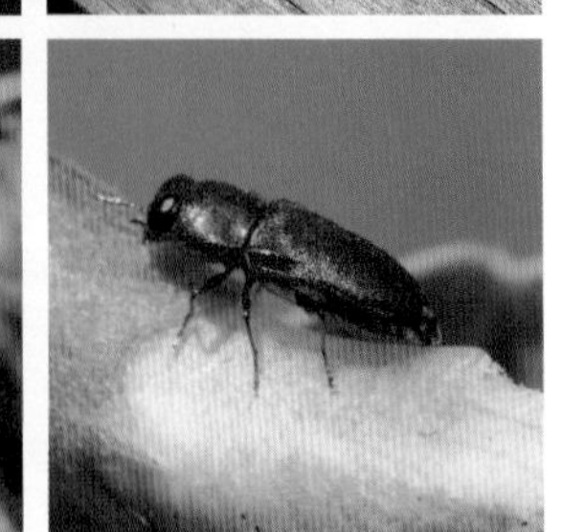

水中软黄金

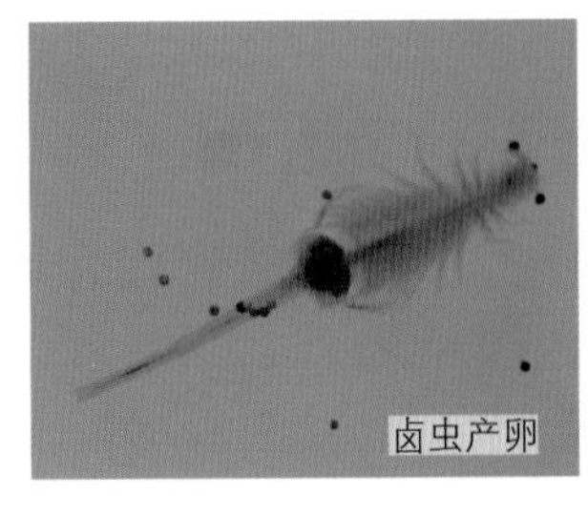
卤虫产卵

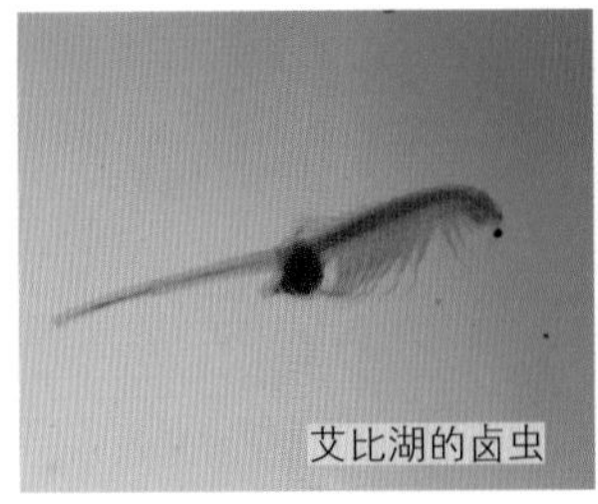
艾比湖的卤虫

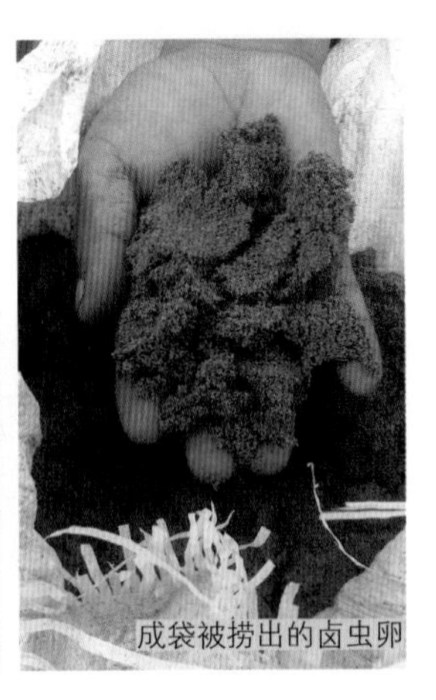
成袋被捞出的卤虫卵

艾比湖是准噶尔盆地的大型盐水湖，湖中没有鱼虾，却因盛产一种号称“软黄金”的生物引来四方客商，这就是卤虫。卤虫是一种适应咸水环境的小型甲壳动物。艾比湖拥有卤虫生存的绝佳条件，每到繁殖季节，卤虫聚集在水面排卵，形成红色的浪潮，绵延十几千米。人们每年夏季在这里捞卤虫其实是捞卤虫的卵，价格昂贵的卤虫卵是高档水产品养殖的重要饲料，据说鱼苗和虾苗用孵化的卤虫来喂养，成活率可以成倍提高。

艾比湖捞“黄金”的船只

荒野贴士

动物的求偶行为是指寻求配偶以达到繁衍后代的行为，是动物繁衍的前奏，也是动物种群自我选择优秀基因的基础。如善鸣的鸟类用叫声吸引异性；鹤类则翩翩起舞；羽毛华丽的孔雀会开屏展示魅力；多数鸟儿还会捕捉食物作为献给异性的礼物。

天山地区

天山最东端的喀尔里克冰川

西天山夏特河谷

东天山主峰博格达峰

天山地区由准噶尔盆地西部山地、南天山、北天山、东天山及其间的若干山间河谷、盆地组成。准噶尔盆地西部山地包括了塔城地区的塔尔巴哈台山、萨乌尔山、巴尔鲁克山以及博尔塔拉蒙古自治州的阿拉套山。南天山西起克孜勒苏河源头，东到博斯腾湖以东，主峰托木尔峰高达 7435 米。北天山西起伊犁地区中哈边界，东到乌鲁木齐。东天山西起主峰是博格达峰（5445 米）的博格达山，东至喀尔里克山。山脉间形成了许多盆地和谷地：西部的伊犁河谷地连通中亚大草原；中部的尤杜斯盆地有新疆最广阔的山地草原——巴音布鲁克大草原；东部是由陷落式地堑形成的中国最低和最热的吐鲁番盆地。由于天山主峰高峻，与山下平原区高差很大，因此具备完整的垂直自然景观带，西部和东部、南坡和北坡又因为地形条件的差异而各具特色。

天山横贯新疆中部，山体绵长而宽阔，孕育着无穷的生命，也养育着天山南北的新疆人。天山风光迤逦，多彩的动植物更是让风景成了背景，它们极具特色，很多都是全中国甚至全世界仅分布于新疆的种类。

伊犁鼠兔

高原鼠兔

大耳鼠兔

萌萌的伊犁鼠兔

伊犁鼠兔属于兔形目鼠兔科，所以鼠兔是“萌兔子”而不是“贼老鼠”，目前全世界有 34 种而我国就有 25 种，种类最为丰富。伊犁鼠兔又称“三斑鼠兔”，相貌特别，易与其他鼠兔区别，是 1986 年才被正式命名的新疆特有种，命名人是我国科学家李维东先生。伊犁鼠兔是岩栖型鼠兔，常独自生活在天山高海拔山脊线的破碎岩石区域，它们白天活动很谨慎，要躲避金雕这样的猛禽，晚上也要藏进岩缝中防备石貂的偷袭。它们以高山植物为食，有在石缝中贮存干草过冬的习性。近 20 年的野外调查发现，伊犁鼠兔在早期发现地的数量已经极少，濒临绝迹。

新疆境内还有其他几种鼠兔，比如生活在阿尔泰山的高山鼠兔、南天山的大耳鼠兔、昆仑山的高原鼠兔等。

蒙古鼠兔

高山鼠兔

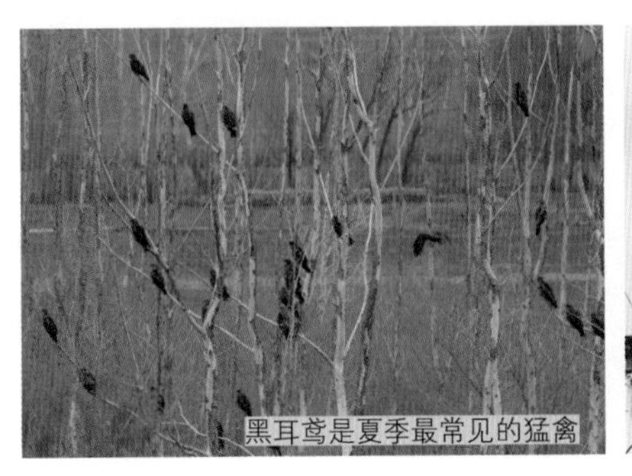
黑耳鸢是夏季最常见的猛禽

黑耳鸢在电杆上也能筑巢

物竞天择，适者生存

猛禽主要包括鸮形目（猫头鹰）、鹰形目和隼形目，在新疆有记录的超过 50 种。它们是鸟类中的顶级捕食者，处于食物链的顶端，有很多种类都处于濒危状态，目前所有的猛禽都是国家二级或更高级别的保护动物。人们俗称的“老鹰”主要指鹰形目鸟类，其中黑鸢在夏季最为常见。它们的种群非常繁盛，在迁徙过境的季节，有时会看到铺天盖地的壮观景象。黑鸢本领高强，在野外可以抓老鼠，还可以在水上抓鱼，甚至袭击鸟类。它们从不挑食，公路上小动物的尸体，牧民家抛弃的羊内脏，甚至垃圾场的垃圾都会吸引它们。它们的繁殖能力也很强，我曾在一片树林里发现 100 多巢聚集繁殖。它们对巢址也不太挑剔，有些个体干脆把巢建在人工建筑上。黑鸢正是凭借这些对环境的适应性，才得以让种群昌盛不衰。

飞行中的黑鸢

乌灰鹞
凤头蜂鹰
金雕
玉带海雕
白兀鹫
白头鹞
短趾雕
秃鹫
红隼雌
草原鹞 雄
大鵟
雀鹰

燕隼
棕尾鵟
猎隼
白尾海雕
苍鹰
白肩雕
胡兀鹫
白尾鹞
草原雕
靴隼雕
高山兀鹫
黄爪隼

天鹅湖

在赛里木湖繁殖的大天鹅

天鹅湖位于天山深处高山盆地草原的巴音布鲁克天鹅保护区，位于开都河的源头地带，由无数的小湖泊相连组成，是中国最大和最靠南的野生大天鹅繁殖地，这里气候适宜、水草丰美，每年都有大量的大天鹅来此繁殖。除了这里之外，在伊犁河谷有一处冬季不封冻的泉水湖，冬季有很多疣鼻天鹅和大天鹅在此越冬，每天清晨，水边的树枝垂满了冰挂，阳光落在湖面上映出金色，疣鼻天鹅那红色的嘴巴在水雾中若影若现，童话里的“天鹅湖”也不过如此。

在天山脚下越冬的疣鼻天鹅一家

在新疆罕见的小天鹅

两栖类的活化石

中亚北鲵仅分布在温泉县的高山溪流环境

中亚北鲵是新疆唯一的有尾目两栖动物，仅发现于天山西部温泉县阿拉套山的几处高山溪流里，分布区域极其狭窄。它们白天隐藏在石块下、草丛或水边石缝，夜晚觅食，以水中的石蚕、石蝇幼虫为食，成体还以陆地昆虫为食。中亚北鲵是2.5亿年前就生活在准噶尔盆地水域中的鲵类，随着天山的隆起抬升，准噶尔盆地从海洋变成了沙漠，而中亚北鲵却有幸存活了下来。

活化石中亚北鲵

中亚北鲵栖息在高山溪流的石块下

吃掉的龟山

四爪陆龟

分布于伊犁霍城县的四爪陆龟

四爪陆龟孵化

在新疆伊犁地区霍城县分布有新疆唯一的龟类——四爪陆龟，也是珍稀的陆栖性龟类，数量极少，在野外很难见到，只有当地保护区里人工饲养着一些供人参观。在 20 世纪 90 年代，随着苏联解体和伊犁中哈边境口岸的开放，很多中国人到邻国哈萨克斯坦做生意，发现当地这种龟很多，有一座山上陆龟的数量很大。一些国人好吃乌龟，当地人也乐于贩卖，大量的野生陆龟因此被捕捉，短短数年，龟山上就难觅四爪陆龟了。

生物防治

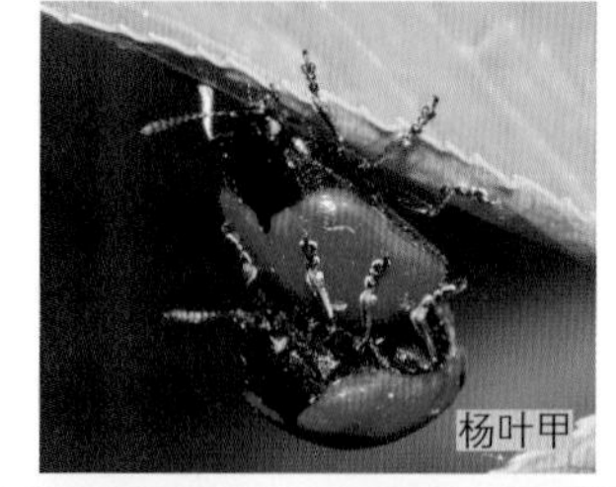
杨叶甲

丽色油菜叶甲

大绿叶甲

奇台秃附叶甲

罗布麻叶甲

脊纹萤叶甲

芥无缘叶甲

贝氏钳叶甲

黑脊萤叶甲

叶甲是鞘翅目叶甲科昆虫的统称，它们是植食性昆虫，有些种类过于繁盛就会对植物造成危害。马铃薯叶甲就是对马铃薯具有危害的种类，这种昆虫属于入侵物种，从哈萨克斯坦进入我国伊犁地区。为了防止危害扩散，除了禁止伊犁地区的土豆销往其他地区这样的防控措施，科学家还研究出生物防治的办法：人们找到了马铃薯叶甲的天敌，一种体型极小的寄生蜂——姬小蜂，它们可以寄生在马铃薯叶甲的卵里，从而消灭害虫。除了叶甲类昆虫外，一些天牛种类也常因为大面积毁坏林木而被人们定罪为“害虫”，根据生物防治的原理找到它们的天敌昆虫而放弃杀虫剂，不失为有效的方法。

土豆种植的农业害虫——马铃薯叶甲

锯角叶甲

雪岭云杉

雪岭云杉

西伯利亚云杉

西伯利亚冷杉

雪岭云杉又名天山云杉，是天山针叶林的代表树种，占有绝对优势。天山风光也可以说是雪岭云杉造就的风景。新疆的阿尔泰山还有西伯利亚冷杉、西伯利亚云杉、西伯利亚红松和西伯利亚落叶松，而昆仑山上则有独特的昆仑圆柏和昆仑方枝柏。这些松柏类植物的种子外露，所以被称为裸子植物。那松树和杉树如何区分呢？有一个简单的方法："杉针"都是单独生长，而"松针"是成簇生长。而冷杉和云杉可以简单地通过球果来区别：冷杉的球果是朝上长，而云杉的球果朝下垂。

西伯利亚红松

西伯利亚云杉和西伯利亚冷杉

西伯利亚落叶松

新疆原生郁金香

原生多肉与郁金香

多肉花卉这些年在国际上非常流行，人们对景天科、大戟科、百合科等一些叶片肉质肥厚的种类进行培育，成为人们摆放窗前案头的精致小盆栽。新疆有丰富的景天科植物，这些景天、红景天、合景天、瓦松、瓦莲、八宝属的植物都是多肉爱好者非常喜爱的种类。说到种植花卉不得不提的是新疆的野生郁金香，百合科郁金香属的植物几百年前就随着丝绸之路传到中亚和欧洲，被人们广泛种植和培育，已经有了 8000 多个品种，还成为荷兰等多个国家的国花，而新疆就是郁金香的原产地。

新疆原生郁金香

红景天
瓦松
景天科植物
杂交景天
瓦松
合景天
合景天

踏花行

新疆的野生植物种类丰富，特有种就有近 300 种。在新疆的天山和阿尔泰山，春、夏季节不同海拔高度的野花竞相开放，有的高大华丽，有的低矮精致，有些种类汇成花海，有些种类深藏不露。越来越多的人喜欢走进山野，用脚步追逐，以求一睹芳容，大家将这样的旅行形象地称作“踏花行”。新疆的伊犁地区就是最受欢迎的观花旅游地：4 月中旬新源吐尔根乡的野杏花，5 月初那拉提的郁金香和阿勒玛勒乡的野苹果花，5 月中旬赛里木湖畔的金莲花海，6 月初木斯乡的红花（野罂粟），6 月中旬的薰衣草。这些声名远播的生态资源吸引了越来越多热爱自然的游客，也培养出越来越多的植物发烧友。

农业种植形成的花海

农业种植形成的花海

伊犁草原的花海

早春的伊犁满山杏花

昭苏花海
薰衣草

荚果蕨生长在湿润的河谷林下

荚果蕨

在天山潮湿的森林和岩石缝中长着一些奇怪的植物，高大茂盛的羽状枝叶背面，密布满像虫卵一样的黄褐色凸起圆斑，这是荚果蕨和它们用来繁殖的孢子囊。蕨类植物是最早出现的陆地植物，最早具有了根、茎、叶的分化，但是它们不会开花结果，要靠孢子来传播繁殖。植物中的藻类、苔藓和蕨类都是依靠孢子这种生殖细胞进行繁衍的,所以它们也被统称为孢子植物。孢子植物以及大型真菌——蘑菇，还有藻类和真菌的伴生体——地衣，在新疆的山地针叶林环境里最为丰富。

繁盛的蕨类植物

蕨类植物的孢子

荒野贴士

动物的社群行为又称社会行为，不是简单的个体集合，而是成员间有合作和分工来完成共同活动。这种集体对付入侵敌害、协作保护社群安全、共同分担觅食及养育后代的行为很具有适应意义。人们熟悉的蚂蚁和蜜蜂就是典型的社会性昆虫。

塔里木盆地

塔里木盆地是位于天山和昆仑山之间的封闭性盆地，东西长达 1400 千米，南北最宽处达 520 千米，是我国最大的内陆盆地，其间有我国最大的沙漠——塔克拉玛干沙漠，以及最长的内陆河——塔里木河。盆地地势西高东低，水系曾经的最终归宿为海拔 781 米但目前已经干涸的罗布泊洼地。

沙漠和绿洲交错的区域生机盎然，这里广泛分布着旱生的荒漠植物类群，它们进化出低矮的植株、发达的根系、特化的叶片、奇异的果实。它们拥有超强的克隆繁殖能力、巧妙的生存对策，甚至能像动物一样“休眠”，顽强的生命力令人惊讶。鸟类和动物也自有生存之道，即便是像罗布泊这样“死亡禁区”，依然有野骆驼这样的大型动物顽强地生存着。

塔里木河的大漠胡杨

广阔的胡杨林

伴着沙漠胡杨的塔里木河

沙漠之舟

野骆驼

野骆驼是世界上仅存的野生骆驼种类。它的躯体均匀、四肢细长、驼峰矮小、毛色棕黑，比起家骆驼明显野性十足、善于奔跑。目前只有阿尔金山以北及罗布泊地区还有少量野生种群。野骆驼有双重眼睑和睫毛，鼻孔中有可闭合的瓣膜，这样就不用怕肆虐的沙尘暴。肉垫状的四蹄可以让野骆驼在沙漠中也能步履轻盈。野骆驼的胃旁有可以储水的囊，两个驼峰储藏着脂肪，可以让它们很长时间不吃不喝，直到找到水源和盐生植物。

野骆驼

塔里木兔

塔里木兔

草兔

塔里木兔是仅分布于塔里木盆地的特有种，也是典型的荒漠动物，在新疆兔形目兔科的四种野兔中属于体型最小的一种，耳朵也明显小很多。除了分布在北疆的雪兔和广布的草兔之外，新疆的阿尔金山和昆仑山地区还分布着一种高原野兔——高原兔，它是青藏高原的典型物种，因臀部明显的灰色而得名。

高原兔

雪兔

罗布泊的蝙蝠

翼手目是会飞的哺乳动物

在罗布泊飞进我帐篷里的一种山蝠

西亚宽耳蝠

罗布泊是严重缺水的荒漠极地，号称“生命禁区”。在一次探险活动中，我们露营在罗布泊的湖心点，早上起来，却在帐外的徒步靴里发现一只蝙蝠。在这片毫无生命迹象的地方竟然有小动物造访，真是令人称奇。蝙蝠是唯一具有飞翔能力的翼手目哺乳动物，特化的指骨和后腿之间连有翼膜，高度发达的耳用来回收发出的超声波并指导自己夜间灵敏地飞行和捕食昆虫。蝙蝠是野外较难观察和欠缺研究的一个类群，新疆目前记录到的种类超过 10 种。

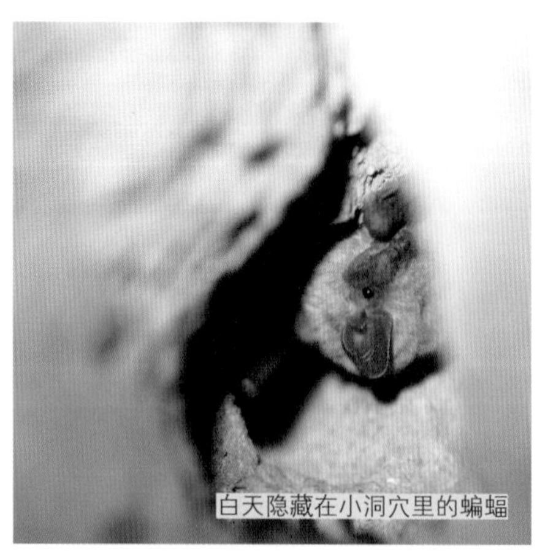

白天隐藏在小洞穴里的蝙蝠

普通蝙蝠

白尾地鸦

白尾地鸦　　黑尾地鸦

白尾地鸦，全世界仅分布于新疆塔里木盆地的沙漠边缘地区，是新疆唯一的特有鸟种。新疆还有一种地鸦叫黑尾地鸦，在南疆的一些地方可以同时看到两种。地鸦善于奔走，一般只做短距离飞行。地鸦也属于鸦科，和其他鸦类一样都是很聪明的鸟类，它们会贮藏食物，会轮流放哨，会群殴猛禽。沙漠公路贯通后，沿线绿化带已被白尾地鸦占领，这条沙漠中的绿色生命带给白尾地鸦提供了生存的条件，同时，川流不息的车流也时刻威胁着它们的生命。

白尾地鸦群体驱赶猛禽

斑鸠和鸽子

斑鸠和鸽子是人们对鸽形目鸟类的俗称，人类自古就有食用和驯养它们的传统，烤鸽子正是南疆地区常见的一种美食。维吾尔族还自酿一种加入鸽子血的葡萄酒，叫作“慕萨莱思”。在塔里木盆地的农业区，人们喜欢养鸽子，它们的祖先是原鸽。斑鸠也喜欢生活在人类的村庄周围，灰斑鸠、棕斑鸠在南疆地区很常见。除此之外新疆还有山斑鸠、鸥斑鸠、岩鸽、欧鸽、斑尾林鸽等鸠鸽种类。

原鸽　欧鸽

岩鸽　斑尾林鸽

棕斑鸠　山斑鸠

灰斑鸠　欧斑鸠

塔里木蟾蜍

塔里木蟾蜍

塔里木蟾蜍曾经被叫作“绿蟾蜍”或新疆蟾蜍，是新疆广布的一种蟾蜍，近年来国内外的专家对“绿蟾蜍”进行了重新的分类界定，将南、北疆的蟾蜍分为塔里木蟾蜍南疆亚种和北疆亚种，而将帕米尔地区的“绿蟾蜍”定为了独立的一个种——帕米尔蟾蜍。塔里木蟾蜍的适应性极好，山地草原、平原湿地，甚至在有些荒漠环境里也能找到它的身影。新疆还有两种蟾蜍，分别是分布在北疆平原水域的花背蟾蜍和在国内仅分布于额尔齐斯河的大蟾蜍。

塔里木蟾蜍
塔里木蟾蜍最北分布于阿尔泰山
分布于额尔齐斯河的大蟾蜍
花背蟾蜍

塔里木鬣蜥

塔里木鬣蜥在胡杨林树上栖息

分布区极其狭窄的草原蜥

塔里木鬣蜥

鬣蜥因头部或身体有凸起的棘状鳞片而得名，在南疆有一种分布广泛的鬣蜥，体型甚大，活动于土丘和沙质山地，“塔里木鬣蜥”“新疆鬣蜥”“新疆岩蜥”都是它的曾用名。鬣蜥科的分类一直比较混乱且存在争议，按照目前最新的分类系统，新疆的鬣蜥科可以分为 3 个属，分别是拟岩蜥属、草原蜥属和沙蜥属。原来的“塔里木鬣蜥”改名为新疆拟岩蜥。在新疆和西藏交界地区还分布有喜山拟岩蜥。此外，草原蜥作为我国唯一的一个本属种类被分离出来，这个特殊的种类主要分布于伊犁河谷地带。

新疆还有多达 16 种沙蜥，占据了我国本属的绝大多数，虽然很多种类还在不断地研究当中分分合合，但新疆仍是我国乃至世界沙蜥种类较丰富的地区。

乌拉尔沙蜥　变色沙蜥　叶城沙蜥
大耳沙蜥　奇台沙蜥　旱地沙蜥

草上飞——花条蛇

花条蛇的大眼睛

花脊游蛇

花条蛇身体纤细轻盈，行动飞快，甚至可以从很细的草上掠过，是名副其实的“草上飞”。它喜欢生活在新疆的荒漠环境，捕食沙蜥和小型啮齿动物。别看它长着一双萌萌的大眼睛，捕食技巧却非常高超，还是新疆的游蛇科里唯一有毒牙的家伙。不过花条蛇是后沟牙毒蛇，毒性也只对冷血动物有效，还没有听说过伤人的情况。新疆有分布的游蛇科蛇类还包括水游蛇、棋斑游蛇、花脊游蛇、黄脊游蛇、白条锦蛇等，除了记录于新疆东部的黄脊游蛇外，其他种类在新疆都分布较广泛且常见。

行动敏捷的花条蛇

白条锦蛇

棋斑游蛇

水游蛇

沙漠之王

长在交河故城里的老鼠瓜——山柑

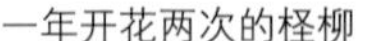
一年开花两次的柽柳

耐旱植物盐生

塔里木盆地拥有世界最集中且面积最大的胡杨林。胡杨树是干旱地区的一个古老树种，它见证了新疆沙漠演变的过程并很好地适应和生存了下来，是荒漠地区防风固沙的代表植物。在北疆的准噶尔盆地也有少量胡杨林，但在北疆古尔班通古特沙漠称王的却是大型灌木梭梭，正是它的存在才让北疆的沙漠看起来不那么荒凉。

沙漠植物种类多样、各具特色。一年开两次花的柽柳（红柳），等着被风带走漂亮果实的沙拐枣，可以贮水的霸王和白刺，叶片异化的木本猪毛菜，还有根系异常发达的老鼠瓜（山柑）等，它们用各自的绝招在极度缺水的环境中形成稀疏的群落，构成了荒漠生态环境的基础。

白刺

荒野寻宝

在以沙漠环境为主的塔里木盆地和准噶尔盆地，水异常珍贵，有了水，植物就可以生长，人类就可以生存。肉苁蓉俗称大芸，是荒漠中的一种珍贵药材，在南疆沙漠地区人工种植后，给当地老百姓带来了可观的经济收入。锁阳也是新疆荒漠里常见的一种药用植物，对人体内分泌功能和免疫功能都有促进作用。野生沙棘被人们制成饮品，既是美味又可保健。罗布麻和白麻都是极好的纤维植物，既可入药，也可做成高档的织物。此外还有枸杞、甘草、麻黄、白刺、沙枣等，都具有食用或药用价值，全都是人类可以好好保护利用的宝藏。

麻黄草

沙棘

锁阳开花破土而出

罗布麻

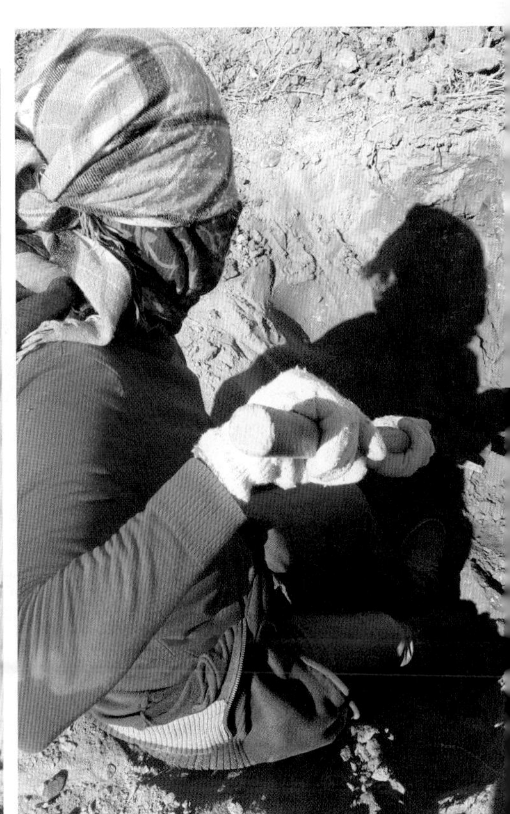

挖肉苁蓉的人

肉苁蓉开花

荒野贴士

动物的领域行为是动物为了占有一定的领地，以便获得更好的繁殖和食物条件而拒绝同类动物干扰的行为。很多大型猛兽都有自己的领地，并通过嗅迹来标识，除了繁殖季，对敢于闯入的同类都会进行驱赶。处于繁殖期的鸟类，雄性也具有很强的领地意识，对进入领地的同类同性别个体反应强烈。

昆仑山地区

这一地区包括了新疆南部的帕米尔高原、喀喇昆仑山、昆仑山以及阿尔金山，在新疆境内从帕米尔高原一直绵延到柴达木盆地西缘，长达 1800 千米。昆仑山地区西段北临中亚最干旱的荒漠区，南连喀喇昆仑山和帕米尔高原，最高峰为海拔 8611 米的乔戈里峰，也是世界第二高峰。昆仑山地区东段以及阿尔金山地区相对西段海拔略低，与青藏高原连为一体，最高峰为海拔 6973 米的木孜塔格峰。

新疆的昆仑山地区，比邻青藏高原，动植物具有明显的高原特色，因此很多分布于青藏高原的物种在新疆也有分布，这大大丰富了新疆的物种多样性。但是昆仑山地区并不具有“新疆特色”，只是我们一探青藏高原区域物种的窗口。

公格尔全景

白沙湖

阿尔金山

帕米尔高原

野牦牛不好惹

野牦牛是世界上仅分布于青藏高原的大型食草动物，是家牦牛的祖先，在新疆主要分布在昆仑山和阿尔金山。野牦牛虽然是食草动物但是体格健硕、力大无比，遇到狼等敌害侵扰毫不惧怕，横冲直撞牛气冲天，即使是人或汽车，也没被它们放在眼里。它们喜欢结群活动，有的大群可以达到上百头，那些零散或单独游荡的往往都是雄性，脾气很大更不好惹。

发怒的野牦牛

母牛和刚出生的幼崽

阿尔金山的野牦牛

被熊猎杀的野牦牛

在阿尔金山陷入泥沼的野牦牛

喜欢赛跑的藏野驴

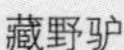
藏野驴

高原上的藏野驴

藏野驴是高原的长跑健将，在阿尔金山的平坦山谷里成群活动。汽车在道路上飞驰，而不远处的野驴群却不反向逃走，经常和汽车一起奔跑，而且要从车头前跑过，似乎要和汽车赛跑，当比赛获胜以后才一字排开停下来，目送汽车远去。藏野驴比起它的亲戚——生活在准噶尔盆地的蒙古野驴数量要多得多，因为远离人类活动区域加之保护措施的落实，种群越来越壮大。

蒙古野驴分布在准噶尔荒漠

蒙古野驴

高原羚羊

雄性藏羚羊的角斗

雌性藏羚羊

雄性藏羚羊

藏羚羊和它的近亲藏原羚都是青藏高原的特有动物，在新疆仅分布于昆仑山和阿尔金山的高海拔平坦谷地。雄性藏羚羊有一对标志性的长角而雄性藏原羚体型和角都小了很多，它们都是奔跑速度极快的运动健将。藏羚羊在秋末冬初聚群交配后，雌雄便分开活动，雌性藏羚羊组成庞大的队伍踏上产羔之旅，它们的目的地往往是远离水草丰美的严酷之地，为的是在小藏羚羊出生时远离狼等天敌的威胁。

雄性藏原羚

雌性藏原羚

藏狐

藏狐

捕猎的藏狐

赤狐一家

沙狐

在新疆，藏狐分布在阿尔金山、昆仑山、帕米尔高原。它们面部较宽、耳朵较小、尾巴粗短，模样很可爱，比起同是犬科狐属的赤狐和沙狐，藏狐是典型的高原动物，而且更喜欢白天活动，所以在高原上比较容易见到。赤狐分布广泛，遍布新疆各地，从荒漠平原到森林高山都能见到它们的身影。沙狐体型最小，分布于新疆的荒漠地带，夜行性，野外较罕见。三种狐狸在野外主要捕食啮齿动物、鸟类、两栖、爬行动物，也吃昆虫和一些植物浆果。

帕米尔高原上的红旱獭

红旱獭

新疆共有 3 种旱獭，都是山地草原比较容易见到的动物。春天积雪刚刚融化，小草刚刚发芽，旱獭便从冬眠中醒来，在草地上互相追逐，这是一年一度的交配季节。旱獭善于打洞，每个旱獭家庭都会建造它们的地下宫殿，有专门的主卧室、卫生间、午休室等。它们的活动区域不会远离洞穴，夏天常常听到它们小狗似的叫声，这是站在高处的哨兵发出的报警声。到了秋末，旱獭已经吃得又肥又胖，积累的大量脂肪可以为漫长的冬眠提供能量。天山、阿尔泰山分布的主要是背毛沙褐色的灰旱獭，昆仑山分布的是体色沙黄的喜马拉雅旱獭，在帕米尔高原地区分布的是长尾旱獭，因毛色偏红又被称为红旱獭。

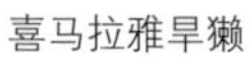

喜马拉雅旱獭

灰旱獭

雪雀家族

棕背雪雀　棕颈雪雀　白斑翅雪雀

雪雀正如它的名字一样，大多生活在寒冷的高原山地，中国有 7 种雪雀——白斑翅雪雀、藏雪雀、棕颈雪雀、棕背雪雀、褐翅雪雀、白腰雪雀、黑喉雪雀。这 7 种雪雀在新疆都有分布，除了白斑翅雪雀外都分布在新疆的昆仑山地区。它们以鼠兔和啮齿动物的洞穴为家，并且和睦相处。雪雀有了安身之所，作为回报会为房东们充当哨兵，它们对天空中的猛禽非常敏感，会提前发出报警。“鸟鼠一窝”是弱小动物们相伴相生的典范。

白腰雪雀　藏雪雀　褐翅雪雀

高原鹤

迁徙的鹤群

黑颈鹤

在阿尔金山繁殖的黑颈鹤

体型较大的灰鹤

个头最小的蓑羽鹤

黑颈鹤是世界上 15 种鹤中唯一生活在高原上的种类，又称高原鹤。黑颈鹤主要分布于我国的青藏高原和云贵高原，新疆的阿尔金山是黑颈鹤最北端的繁殖地，也是新疆黑颈鹤分布最多的地方，它们夏天在这里繁殖，之后会飞往青藏高原东部和云贵高原越冬，第二年再次返回。新疆共记录过 5 种鹤，其中白鹤和白枕鹤属于罕见迷鸟（指偏离自身迁徙路线的鸟），较为常见的是灰鹤和蓑羽鹤，每年春秋季节都会大量过境新疆，也有部分在新疆北部繁殖。

毛腿沙鸡

毛腿沙鸡　毛腿沙鸡　西藏毛腿沙鸡

黑腹沙鸡　黑腹沙鸡　黑腹沙鸡幼鸟

沙鸡并不是“鸡”，之前的分类系统倾向于认为它们和鸽形目或者鹤形目鸟类接近，而最新的分类研究将它们独立为一个独立的目——“沙鸡目”。新疆有 3 种沙鸡，分别是西藏毛腿沙鸡、毛腿沙鸡和黑腹沙鸡。西藏毛腿沙鸡只分布于昆仑山、阿尔金山和帕米尔高原，另外两种分布于准噶尔盆地。沙鸡体形似鸡，腿短而善于飞行，喜欢在干旱草原上笨重地行走觅食，遇到危险常趴卧不动，具有很好的保护色，直到人走近才呼呼啦啦地飞走。

昆仑山的新疆特色鸟

棕头鸥

新疆的鸟类有近500种，地理分布上并不均匀，总体上呈现北疆多南疆少的特点，其中的“新疆特色鸟种”（国内主要分布于新疆的鸟种超过100种）在昆仑山地区分布的并不多，多数鸟种都是典型的青藏高原类型，在新疆区域内具有特殊性。棕枕山雀是国内只分布在昆仑山西部的特色鸟种，和许多山雀类鸟种一样，它是针叶林生境的留鸟。昆仑山的针叶林不多，所以棕枕山雀的分布也非常狭窄。昆仑山地区还有很多人迹罕至、缺乏调查的地域等待我们去探索发现，褐头岭雀（褐头朱雀）、斑姬鹟、白顶鵐、蓝颊蜂虎等特色鸟种的野外罕见记录都在昆仑山地区。

印度金黄鹂

藏雪鸡

白顶鵐

大嘴乌鸦

大朱雀

斑姬鹟

棕枕山雀

灰背伯劳

地山雀

雪鸽

长嘴百灵

“雪兔子”

帕米尔高原上的“雪兔子”

雪兔子其实不是动物，而是菊科风毛菊属植物的别称，多生长在高海拔地区。由于表面被稠密的棉毛，像是雪中的兔子，所以又被人们称为“雪兔子”。风毛菊属植物多可入药，主治妇科病和风湿性关节炎，其中最有名的就是雪莲。风毛菊长在贫瘠的高原和高山上，低矮伏地、全身被毛，极好地适应了特殊的环境，在短暂的夏季开出朴素的花，展现出自己别具一格的美丽，让高原充满活力。

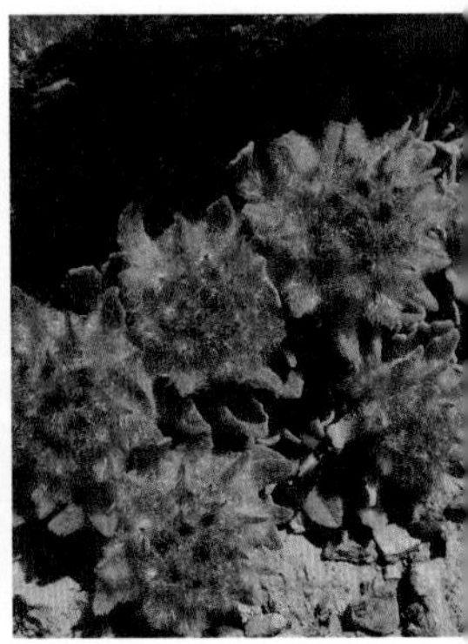

荒野贴士

鸟类是迁徙动物的代表，一些鸻鹬类小鸟竟然可以每年往返于南北半球，飞行数万千米。迁徙行为并非鸟类独有，很多动物都会因为季节的变化，追逐食物或者选择繁殖地而进行长途迁徙。有蹄类食草动物会根据植物的生长规律进行山地垂直迁徙或南北迁徙，藏羚羊在繁殖期也会踏上前往繁殖地的迁徙之路。

第三篇 玩转荒野

在小孩子的眼里，世界是新奇而美丽的，充满了希冀与刺激。不幸的是，我们很多人在长大成人以前，那双感受美丽和神奇的灵眼，就已经被蒙蔽或是变得黯淡了。

——摘自《万物皆奇迹》（*The Sense of Wonder*），蕾切尔·卡森（Rachel Carson）著

刚吃下一条大鱼，脖子侧面鼓出一个大包。
普通秋沙鸭♀
在湖中深水区，也有水草长得接近水面。
赤颈鸭扎头啄取水草。
白秋沙鸭 ♂
冰面上休息的白秋沙鸭♀
理羽
2015. 3. 1 晴 北风4-5级 最高10°C
绿头鸭 4♀ 5♂
普通秋沙鸭 18♀ 13♂
白秋沙鸭 3♀ 3♂
斑嘴鸭 1 赤颈鸭 1♂1♀

荒野装备

望远镜

在被动物发现之前发现动物

双筒望远镜

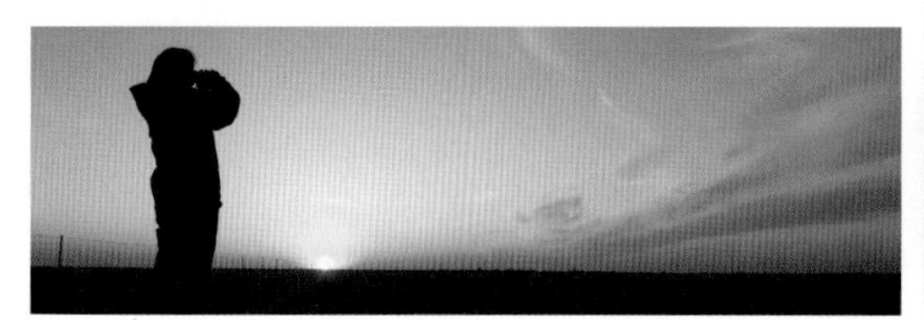

单筒望远镜

人的视距和视野都是有限的，望远镜增加了我们的视距、扩大了我们的视野，成为一个美妙的自然万花筒。在野外,想要在机警的野生动物发现你之前发现它们，望远镜是必不可少的。通常在野外主要使用的是 8 倍、不同口径的双筒望远镜以及倍数更高的单筒望远镜，借助它们就可以在不干扰动物的情况下进行形态和行为的仔细观察。

放大镜

微观世界的精彩大戏

我们常常会被一片色彩鲜艳、竞相开放的野花所吸引而驻足欣赏。但是你可以看清花瓣中还未吐露的花蕊吗？可以发现花蕊中还藏着一只小甲虫吗？你知道这只小虫有多漂亮的复眼吗？这时候，随身携带的放大镜就会派上用场。

照相机

留住精彩的回忆

小型相机

面对山顶上一朵精致的小花、草地上从未见过的漂亮甲虫，或是停落枝头的鸟儿，甚至是突然间与你狭路相逢的一头小兽，谁都会有记录这美好一刻的冲动。随着数码相机的普及，很多人会随身携带照相机（哪怕是使用手机）来为所观察的对象拍照，积累影像资料以便日后的深入学习。

如果你不太喜欢使用望远镜和放大镜，那么使用专业的摄影器材也是一种观察记录的方法。

照相机

录音笔
采集大自然的语言

春天临近，大地慢慢苏醒，冰雪融化，草木萌发，各种野花竞相开放，不久便可看到房檐下家燕的回巢，听到布谷鸟（大杜鹃）的鸣唱，紧接着便是从欧洲赶回来的夜莺（新疆歌鸲）彻夜不停地高歌。而盛夏的夜晚，如浪如潮的蛙鸣伴随着月亮慢慢爬上山坡，借着月光，蝈蝈（螽斯）、蛐蛐（蟋蟀）、蚂蚱（蝗虫）摩擦着它们的前翅为它们的未婚妻弹奏着一曲月夜小调……为了保留、探索这些大自然奇特美妙的语言，最好的采集利器便是一支实用、轻巧的录音笔。

录音笔

其他装备

地图、GPS 设备、急救包、野外服装鞋帽、伪装帐篷、头灯和强光电筒、采集网、采集罐、自然图鉴、记录本等也都是我们出发前要考虑准备的一些装备，用来辅助我们的自然观察、保障我们的野外安全。

动物追踪

北山羊群

使用红外触发相机开展野生动物调查和保护工作

水源地

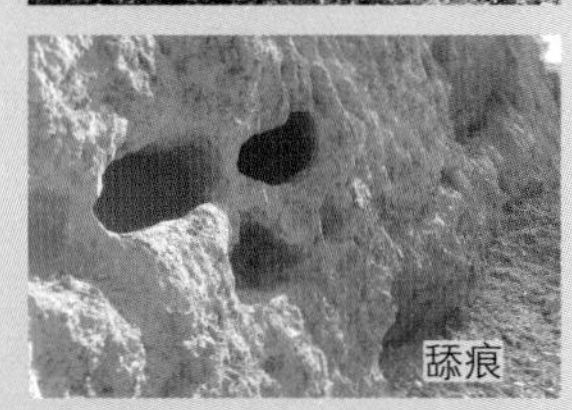
舔痕

布设相机

食物痕迹

相机陷阱技术的使用方法

红外触发相机是无人值守的自动触发相机，通过前期调查进行目标明确的野外布设被称之为相机陷阱技术。近年来随着相机设备的日臻完善，相机陷阱技术也得到了迅猛发展，相比传统的野生动物调查方法更加有效和准确。

目前国内红外触发相机的主要型号有 L710（青岛众和瑞通），Ltl 5210 和 Ltl 6210（深圳猎科科技有限公司），SG-990V（深圳思远数码技术有限公司）等，已经达到很大的市场占有率，主要针对国外市场的订单加工，具备性价比优良的特点。各路产品的技术原理和使用方法大同小异，相机都是由红外感应触发装置外加数码相机和控制界面等几部分组成，设置指标基本包括：拍摄模式、拍

猎杀现场

动物毛发

洞穴

刨痕

兽道

动物尸骨

动物残骸

动物残骸

动物尸体

摄格式、间隔时间、触发灵敏度、时间设置等参数，一般使用 8~12 节 5 号电池，存储卡为 SD 卡或 MINI SD 卡，除了白天以外还支持夜间拍摄，野外可持续工作 3 个月以上。

熟练掌握红外相机的设置参数和技术特点是第一步，这样才能根据野外的不同环境以及目标动物的特点进行有效设置。红外触发相机在野外受各种

动物残骸

尿迹

因素的影响发生误拍在所难免，但是在布设时注意镜头背光，避开可能被风吹动的草木，避开日照下会明显发热的物体，这样误拍率会大大降低。相机陷阱技术最重要的一环是选择准确高效的布设点，这就意味着在布设相机前要做大量的野外勘察，通过粪便、足迹、刨痕、食物残骸、兽道、水源等蛛丝马迹先期做出预判，做到有的放矢。

野生动物调查往往有明确的目标。例如本底调查，即摸清楚一个区域内的

动物的基本种类，或者针对单一物种进行深入调查研究的，这需要更多更准确的研究数据，相机陷阱就不仅仅是针对单一的地点和时间，往往是很大的区域和较长的周期。在这些调查中布设相机就要根据不同的目的，遵循科学的方法，严格按照调查方案布设足够数量的相机，监测足够长的时间，获取完整的数据用于分析研究并得出结论。

因为人类捕杀的减少，狼的种群正在恢复，这是一只左前足缺失的狼，拍摄于乌鲁木齐郊区

民间爱好者团队的出现

野外动物调查需要专业的团队、科学的方法以及资金的支持，所以长久以来都是野生动物保护部门和动物研究单位涉足的领域。近年来，随着国民生活水平提高，个性化爱好群体层出不穷，其中自然爱好者和环保志愿者大量产生。这个群体多为业余爱好者和自然科学发烧友，也不乏相关专业的研究人员，开始形成以鸟类、哺乳动物、两爬类、昆虫类等物种类群为兴趣方向的民间组织和群体。

“猫盟 CFCA”是北京一家由自然爱好者和相关专业研究者共同组建、以大型哺乳动物作为调查研究目标的准专业民间组织。2007 年至今，从几个爱好者自发成立进行北京周边野生动物本底调查开始，逐渐形成了有组织有成果的正规民间动物保护机构。调查范围也扩大到国内多个省市的众多自然保护区或无管理区域，在对中国特有的豹亚种——华北豹的野外调查取

得了瞩目的成绩。

荒野新疆生态网目前是主要以鸟类、兽类、昆虫、两爬、鱼类、菌类、植物、新疆生态环境影像记录为主的区域化影像库，期望将科学性的图片呈现给公众，从而保护新疆的自然环境。

随着“猫盟”的发展，野外调查的经验和民间环保的理念不断传播开来，各地的民间爱好者群体纷纷展开合作，将相机陷阱技术利用到当地的环保行动当中，用资源共享联合作战的方式加强民间保护力量。

“荒野新疆志愿者团队”是新疆本地自然爱好者自发组建的民间组织，目前主要以鸟类、兽类、昆虫、两爬、鱼类以及野生植物为兴趣方向，进行野外观察和物种多样性记录。2014年年初，志愿者团队中部分户外经验丰富的自然爱好者正式组建“追兽组”与“猫盟”展开合作，自筹资金、自行规划项目，利用相机陷阱技术进行乌鲁木齐市及周边区域野生动物调查。

一只雄性马鹿从布设在乌鲁木齐近郊南山的红外相机前经过

新疆乌鲁木齐周边兽类调查活动

“荒野新疆追兽组”在政府及林业主管单位的支持下，集中进行了培训和野外实战演练，包括相机布设要领，野外动物痕迹辨别，数据采集和整理规范等，明确了初期调查目标和野外安全纪律，最后根据不同动物的生活环境和食物分布特点选择了乌鲁木齐周边不同海拔

一只雄性狍子在南山雪后的森林里小心翼翼地行走

的代表性环境（海拔 3000 米以上的高山岩石、草原环境，海拔 2000~2600 米的针叶林环境，海拔 500~800 米的荒漠环境）作为调查区域。

每到周末，“追兽组”都会行动起来，前往不同的调查区域，爬高山、穿林海、走沙漠，仔细寻找动物留下的蛛丝马迹。这是一项非常有趣的体验活动，有点像大侦探破案，虽然看不到动物，但是可以根据线索展开联想，还原案发现场。一旦经过研判确定是动物稳定出没的区域，便布设下相机陷阱，一探究竟。调查小组在荒漠调查区找到一处犬科动物使用过的洞穴，在针叶林调查区发现有大量食草动物的足迹和粪便，在高山区域发现了被猎食的北山羊尸骨遗骸和大型食肉动物粪便！

在高山区域做前期细致调查

发现雪豹粪便等重要线索

针对性布设相机陷阱

随着相机数据被陆续取回，谜底一个个被揭晓：到荒漠洞穴附近造访的是狼、赤狐和狗獾；在针叶林里频繁活动的是马鹿、狍子和北山羊。高山区域除了大量北山羊活动之外，还有振奋人心的消息传来：4 月 7 日，一台相机在夜间拍到了一张浑身斑点、拖着又长又粗尾巴的大型猫科动物，调查小组在乌鲁木齐周边首次记录到了最重要的目标物种——雪豹。

雪豹如约而至

“追兽组”在 2014 年 3~7 月和 11~12 月两个调查阶段先后使用红外相机 15 台，在乌鲁

木齐及周边的 5 个调查地点记录到包括棕熊、雪豹、狼、赤狐、狗獾、白鼬、石貂、北山羊、马鹿、西伯利亚狍、鹅喉羚、野猪、草兔、旱獭、大沙鼠等，共计 18 种哺乳动物，记录个体近 400 头。第一年的野外调查初步了解了区域内哺乳动物分布的种类,其中乌鲁木齐近郊记录到雪豹的活动是最为重要的一项成果。目前,“追兽组”正在对其活动领地进行持续的监测。

通过野外实践，锻炼了团队、积累了经验，增强了“追兽组”继续拓展调查范围的信心。城市周边如此丰富的物种多样性，让“追兽组”成员对家园有了更深入的认识，环境保护意识也更加强烈。

民间组织野外调查活动的普及展望

新疆地域广阔，野生动植物资源丰富，专业机构的调查项目涉及区域有限，民间爱好者力量可以作为专业科研单位基础信息搜集的有力补充。

民间爱好者以兴趣爱好为出发点，具备热情和行动能力，有野外活动经验、物种分类基础知识、摄影技能和动物保护意识，在业余进行野外调查时也愿意出钱出力。但在野外实践中，民间爱好者的行为需要一定的组织性，要有明确的目标方向和野外安全纪律，以及使用科学正确的调查方法，并对野生动物栖息地的信息进行保护。对使用的设备和回收的数据要有统一的分类管理和系统记录，对所获得的影像资料进行深入的分析和研讨。在整个调查过程中，还需要学习更多的专业知识，需要专家指导，且最好能够和专业研究单位形成良好的协作关系，使其野外活动更加规范，更有目的性和专业性，并且更加具有科学价值。这些因素促成了更专业的民间动植物保护组织的产生。

民间动植物保护组织所进行的野外调查活动的最终目的是保护。通过有目标地长期监测所获取的数据，逐渐分析出目标物种的生存区

野驴的足迹

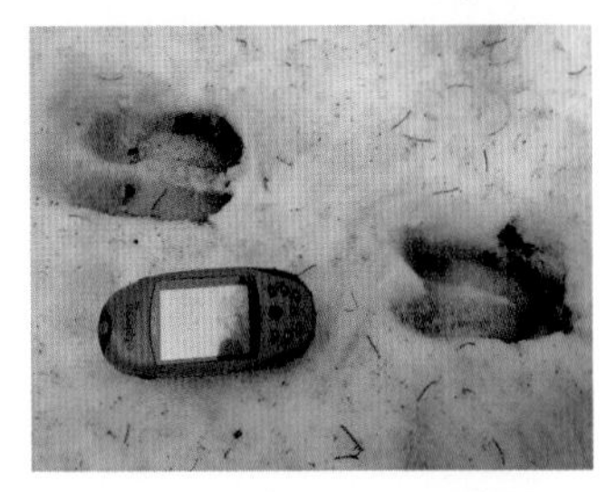

马鹿的足迹

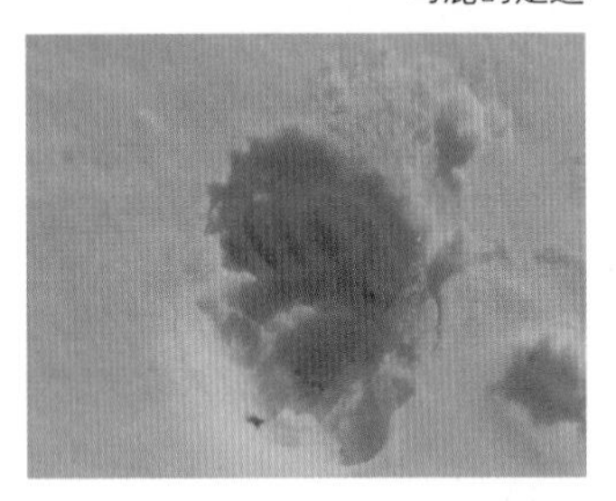

熊留在雪地上的足迹

狼在沙地上留下的足迹

域、种群密度、种群动态、食物链关系，以及种群所遭受的威胁等有价值的结论，可以针对性地提出科学保护意见。除了野外调查活动，民间组织还要更多地进行形式多样的环保宣讲，与相关管理单位保持良好沟通。

随着民间力量的壮大，参与人数的增多，涉及区域的扩大，更多的基础信息资料可以提供给专业研究单位和其他保护组织，并与其进行广泛的合作，将大大改善国内野生动植物研究和动植物保护现状。

当今社会环境保护、和谐发展日渐成为风气，作为有一定基础的爱好者会越来越多地投身于类似的活动当中，民间动植物保护组织应该有自己的方向和特点。有主题、有目标的野外实践，容易让大众产生兴趣并做出行动，在兴趣和行动的基础上才能不断提高认知，最后落实到保护上才更加科学，更加有效。只有通过各种科学的方法进行自然教育，提高大众的认知水平，改变传统观念，让保护动植物、保护环境成为社会的共识，动植物保护状况才会有全新的面貌。

鹅喉羚的足迹

塔里木兔的足迹

粪便 / 野猪
粪便 / 马鹿
粪便 / 狼
粪便 / 雪豹
粪便 / 伊犁鼠兔
粪便 / 鹅喉羚
粪便 / 石鸡
粪便 / 北山羊
粪便 / 野驴
粪便 / 雪鸡

动物足印的测量和辨识

足印的测量

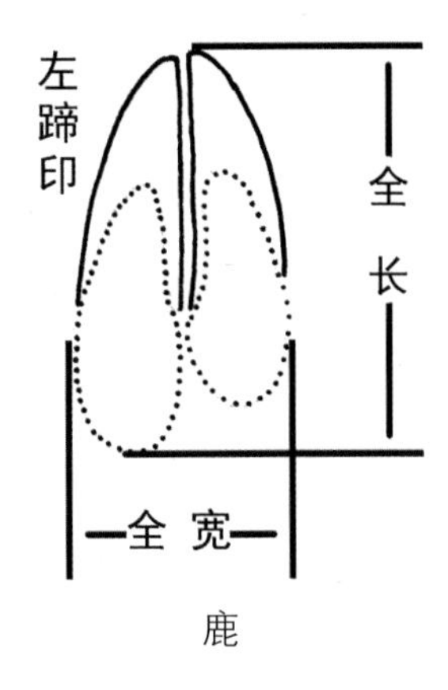

鹿

首先必须选择单个的完整足印来做测量，尽量避免重叠的足印，如果条件不允许，那么在重叠足印中先选择印痕明显的足印再测量其足印的长宽，测量足印时先区分行走方向，沿前行方向标注左右。由于地形的关系某些动物的足印长宽会有细微的变化，所以在测量一条足迹链时，最好多记录几个足印的尺寸，尤其是不含指印的掌垫长宽。

全长：足印中轴线最前和最后点的最大直线距离。

全宽：足印的最大宽度。

掌垫长：单独掌垫的纵向长度。

掌垫宽：单独掌垫的横向宽度。

左右区分：动物的脚掌基本会向外侧倾斜，也就是外侧比内侧略大，偶蹄动物的外侧会略长与内侧。

右侧图例为鹿和雪豹的足印示意图。

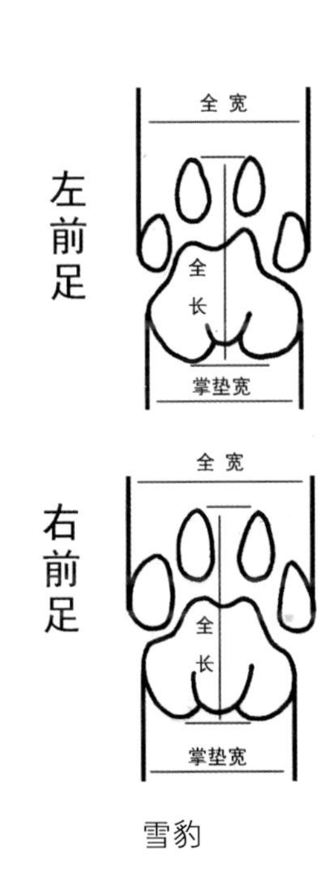

雪豹

猫科动物的足印

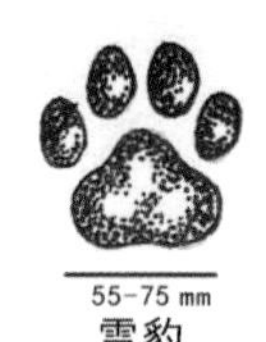

雪豹

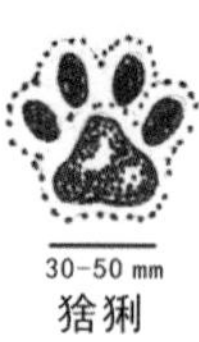

猞猁

后足

前足

猞猁前后足印对比

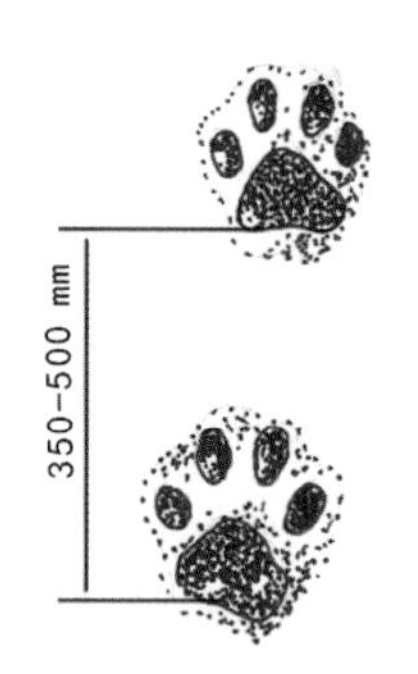

猞猁步幅

猫科动物的前足掌印会比后足掌印宽，前足的指肚更分开。

猞猁的足印周围会有一圈比较模糊的毛的印痕，而且足印大小比雪豹小。猞猁的前足印长度为 55~75 mm，宽度为 65~75 mm，后足印长可达 80 mm，宽 65 mm 左右，掌垫宽度 40~50 mm。

雪豹的前足印全长 100 mm 左右，宽 90 mm 左右，掌垫宽 65 mm 左右；后足印全长 90 mm 左右，宽 80 mm 左右，后足掌垫宽 60 mm 左右。

犬科动物的足印

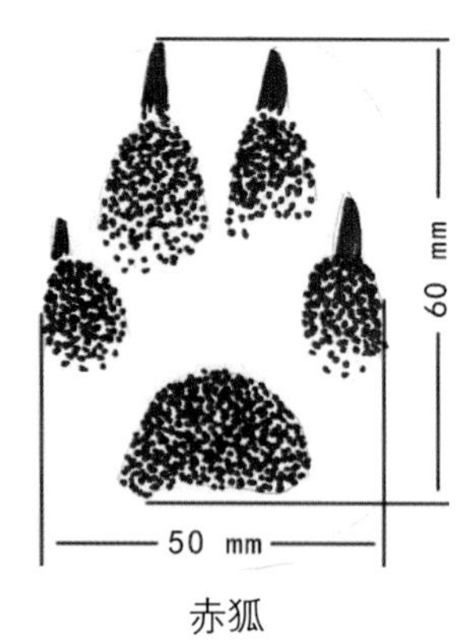

赤狐

常见的犬科足迹主要为赤狐和狼。赤狐的足印相对较小，长 60 mm 左右，宽 50 mm 左右，足印中间呈 X 状突起，步幅 300 mm 左右。

成年狼的足印长（含爪尖）80~105 mm，宽 55~80 mm，步幅 600~680 mm，多为重叠足印。需要重点区分的是狗和狼的足印，狗和狼的足印非常接近，除了大小区分外最明显的特点是狼的足迹只有两个后脚印，后足一直踩着前足印，而且狼习惯小跑，而很多狗的足迹会出现四个脚印。

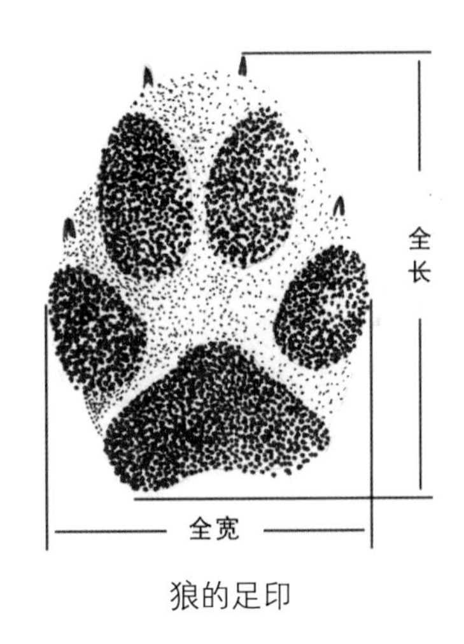

狼的足印

狼的足印参数

性别年龄	平均长度 /mm	平均宽度 /mm
成年雄性	105	80
雌性	92	62
亚成雄性	93	72
雌性	88	58

野猪和鼬科动物的足印

野猪的足印在后面会有两个明显的小点，前尖分开也较大，一般只测量两个中间趾印，尺寸如表格，老年雄性蹄印最长可达 100 mm，宽 80 mm。

野猪的足印参数

年龄	长度 /mm	宽度 /mm
亚成体	50~60	40
成体前蹄印	70~80	50~70
成体后蹄印	60~70	50~60

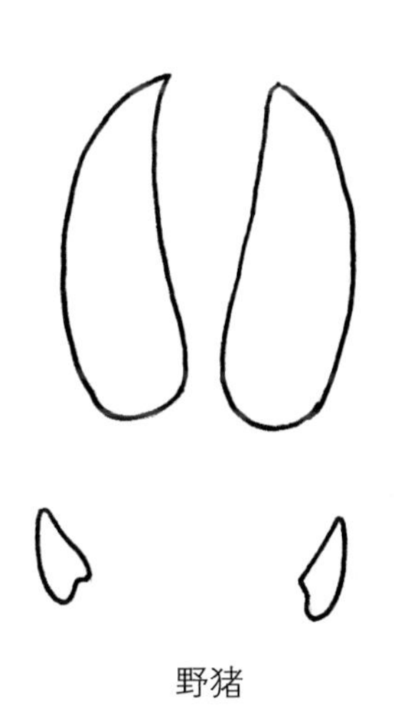
野猪

鼬科动物的足印的明显特征是前后足均有五趾带爪印，后足踩前足印，多为重叠足印。

鼬科动物的足印很接近，只能按照大小区分，在新疆最大是狼獾，其次是狗獾，往后依次是石貂、艾鼬、虎鼬、香鼬、白鼬、伶鼬。具体尺寸如表所示。

鼬科动物足印

鼬科动物的足印参数

物种	长度 /mm	宽度 /mm
狼獾	140~180	100~130
狗獾	70~80	40~50
石貂	40~45	30~35
艾鼬	25~30	20~25
虎鼬	20	15~18
香鼬	15~20	15
白鼬	15~20	10~15
伶鼬	8~15	8~10

偶蹄动物的足印

在新疆常见的偶蹄动物有北山羊、马鹿、野猪、狍、鹅喉羚、牛和家羊。

牛是首先能被排除的，因为它的足印最大，长 100~120 mm，宽 90~100 mm，前端钝圆，整体比较宽大。

马鹿是足印第二大的偶蹄动物，长 100~120 mm，宽 70~95 mm，和牛最大的区别是马鹿的足印瘦长。

北山羊是足印第三大的偶蹄动物，前足长 60~70 mm，宽 35~40 mm，后足长 55~65 mm，宽 33~38 mm。蹄尖且略分开。

狍的足印较小，长 50 mm 左右，宽 30 mm 左右，但是蹄尖靠拢，足印前部看起来接近椭圆形。

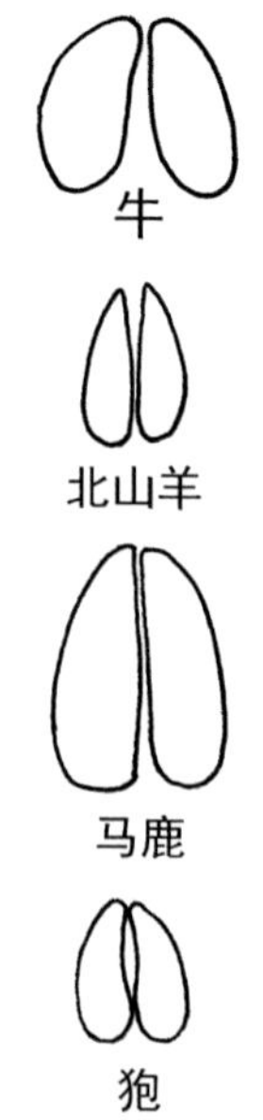

动物头骨的简单鉴定（by 新疆岩蜥）

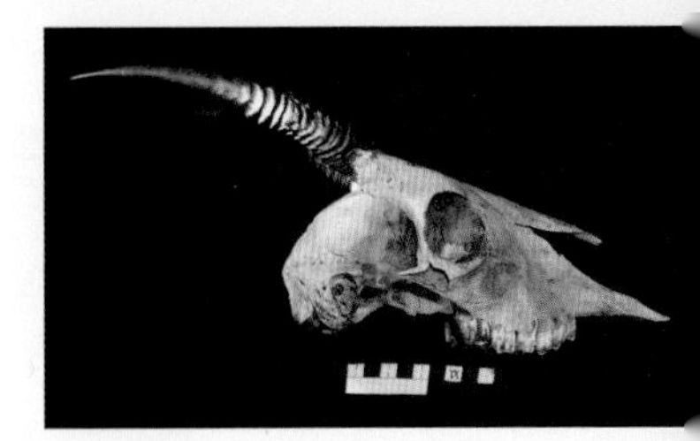
斑羚头骨标本

在野外调查时，我们可能会发现一些动物的尸体残骸，对于野外调查人员来说，这就是重要的“案发现场”。我们要对这些残骸作出简单的鉴定和推断：残骸属于哪个物种，死亡原因可能是什么。这些信息对于了解该区域物种的生存状态，或者食物链更高一级动物的基本情况都很重要。那么对于比较完整的动物头骨，

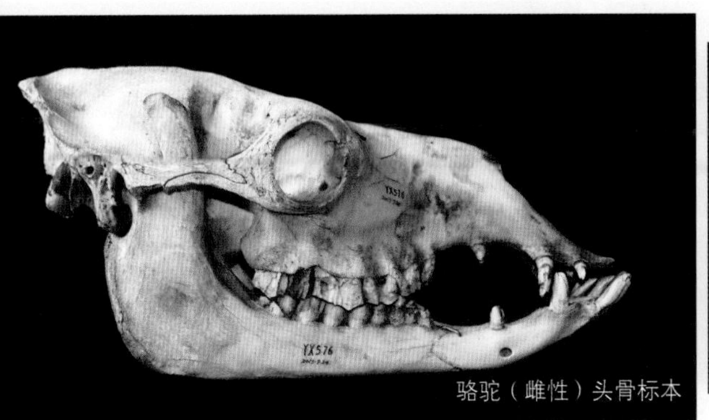
骆驼（雌性）头骨标本

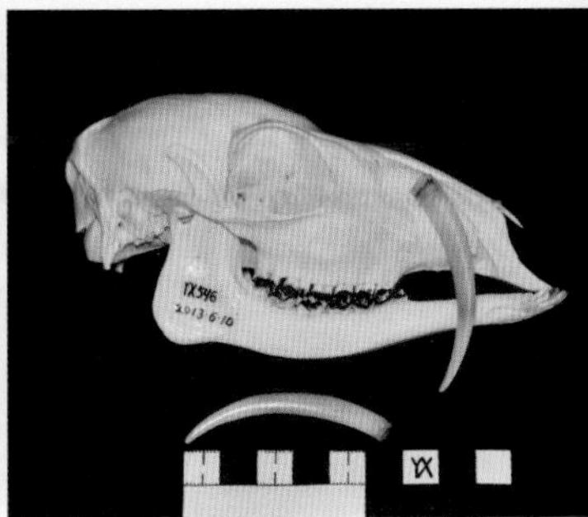
林麝（獐科）头骨标本

如何通过一些主要特征来迅速判断其身份呢？最简单直接的方法就是看牙齿。

大多数食草动物没有上门齿，如牛科、鹿科、骆驼科，而奇蹄目全都有上门齿。食草动物中的牛科动物没有上犬齿，但是保留了下犬齿特征；雄性鹿科动物均有犬齿，其中麂亚科和獐亚科犬齿发达；骆驼科具有发达的上、下犬齿，十分粗壮；马科具有上门齿和犬齿双特征。

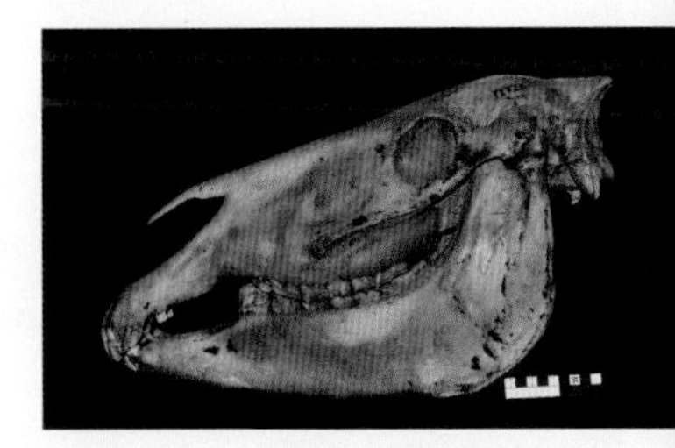
马（雄性）头骨标本

猪科隶属偶蹄目，杂食性，具有上、下门齿和发达的犬齿，下犬齿弯曲，截面三角形。

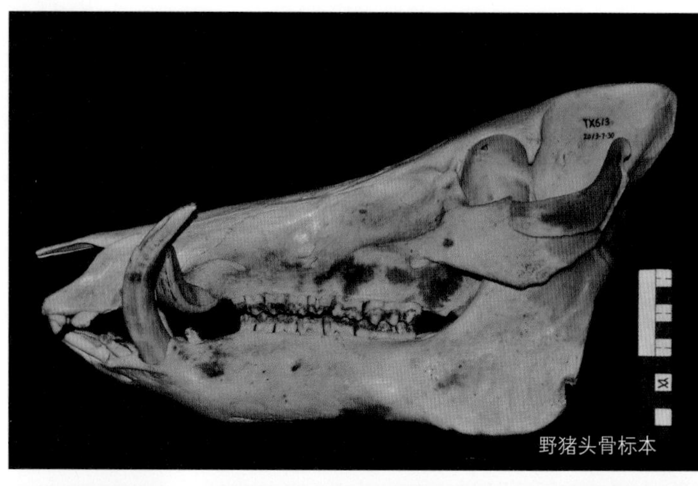
野猪头骨标本

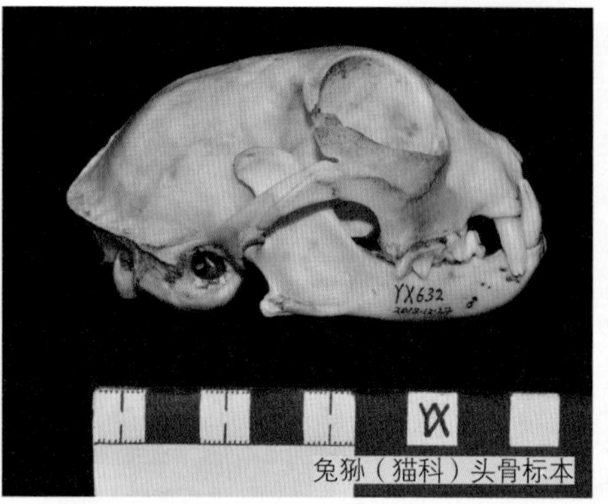
兔狲（猫科）头骨标本

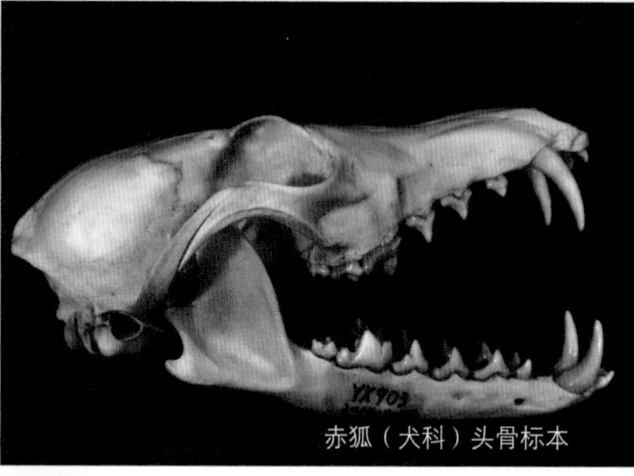
赤狐（犬科）头骨标本

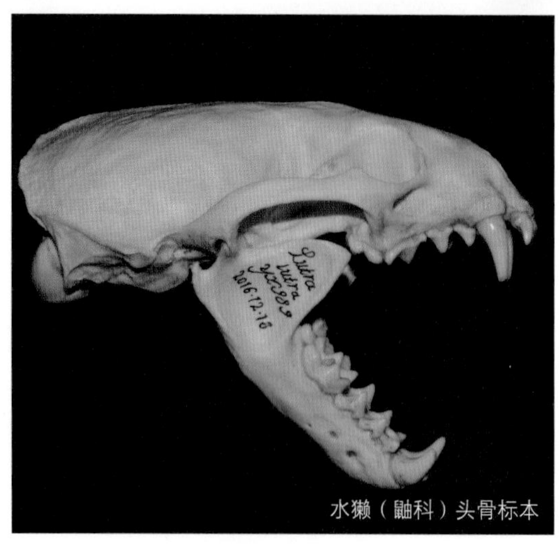
水獭（鼬科）头骨标本

食肉目动物具有完整的齿式：3 对门齿，以及 1 对犬齿、前臼齿和臼齿。食肉动物犬齿尖锐，熊科和犬科的犬齿截面呈椭圆形，犬科的牙冠表面光滑，熊科的牙冠表面多具横纹；鼬科犬齿的牙冠表面比较粗糙，有微小颗粒状凸起；猫科的犬齿截面近圆形，牙冠多具点状缺刻纵向排列，俗称“血槽”。

啮齿目动物（各种鼠类）具有1对上、下门齿，牙齿终身发育，门齿和臼齿间齿隙大，无犬齿。

兔形目（兔和鼠兔）上门齿2对，门齿后有一对小柱状门齿和啮齿目区分。

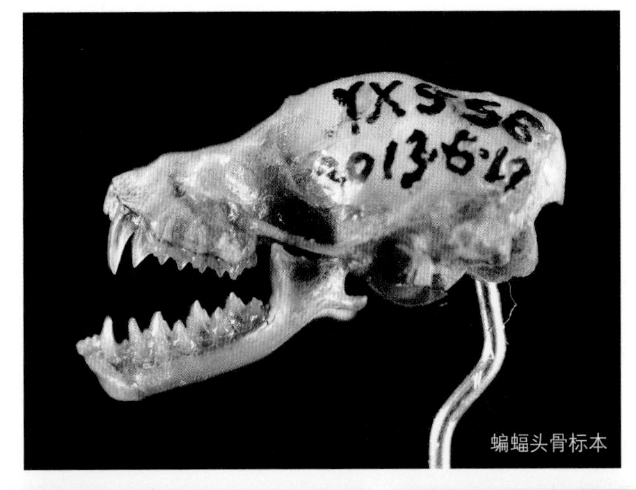

蝙蝠头骨标本

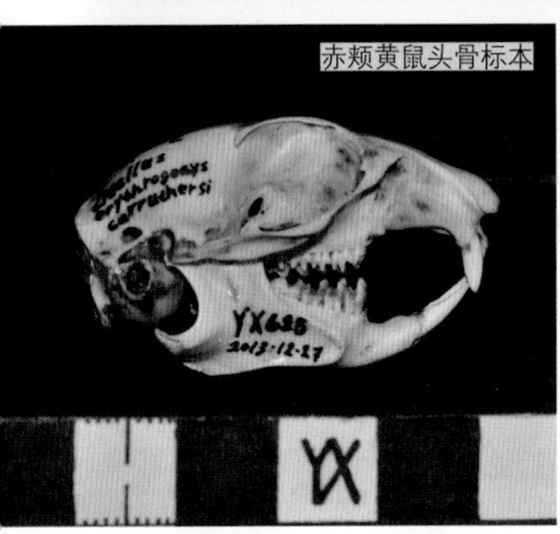

赤颊黄鼠头骨标本

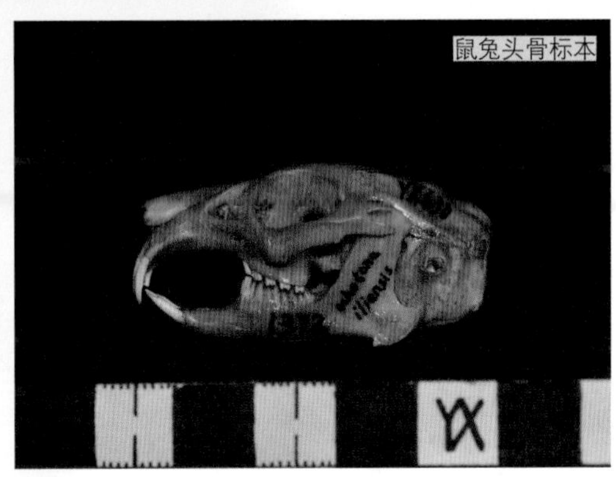
鼠兔头骨标本

食虫目（猬科、鼹科、鼩鼱科）门齿钩形，犬齿小或缺失，前臼齿尖锐，后臼齿具有多个尖。

翼手目（蝙蝠）缺失1对前门齿，只有2对门齿，部分种的前颌缺失，犬齿发达，前臼齿前尖巨大，后臼齿多尖。

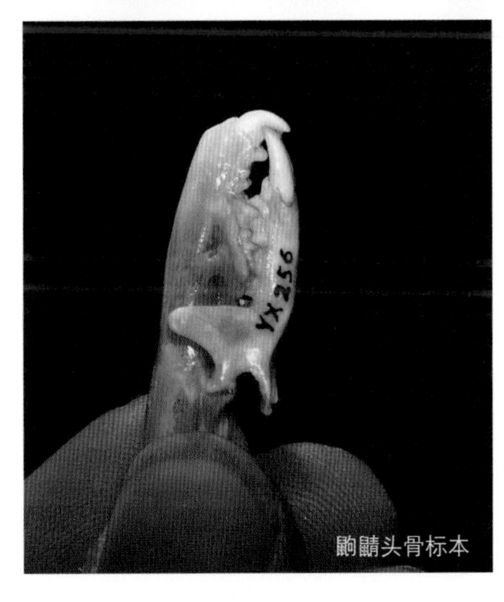

鼩鼱头骨标本

夜巡

很多动物都有夜行性特点，白天它们隐匿于自己的巢穴，夜间才是它们主要的外出活动时间，掌握它们的行动规律之后，在夜间使用灯光找寻并观察它们的活动被称为“夜巡”。

暗夜里的喧闹世界

新疆南北的盆地属于干旱和半干旱地区，其间的沙漠和荒漠地区夏季温差特别大，白天热浪滚滚甚至可以烤熟鸡蛋，夜间温度会急剧下降甚至让人觉得寒冷，生活在这里的动物们早已演化出了应对缺水、极端气温和食物匮乏的能力。啮齿动物和爬行动物栖息在地下洞穴中躲避白天的酷热和干旱，夜

被人打着头灯照，贪吃的赤狐还不肯走

我已近在咫尺，趴在戈壁滩上过夜的毛腿沙鸡还不飞走

晚才纷纷出来觅食，主要类群有沙鼠、仓鼠、跳鼠、沙虎、漠虎等。因为有这些夜间活动的动物，所以又会吸引来一些以它们为食物的猎食性哺乳动物，例如刺猬、狐狸和小型鼬科动物。

一些大型食草动物也有夜间活动的特点，例如山地森林中的狍子、马鹿，它们为了躲避天敌常常等到日落后才走出隐匿的森林，到开阔的草场进食、到水源地饮水，一直持续到天亮。这就是我们感觉在晨昏时分容易遇见动物的原因，其实那只是夜晚喧嚣大戏的开场和落幕。我们曾经在一处山间的水源地用红外相机监测，一晚上前来喝水的马鹿熙熙攘攘、络绎不绝。

很多鸟类在夜间迁徙，例如鹤类和雁鸭类，说明它们在夜晚也能以星空或地球磁场为坐标长途飞行。在非迁徙季节，鸟类会在夜晚找个安全的夜栖地休息，荒漠里的一些鸟儿甚至就直接卧在地上。夜巡的灯光会对鸟儿的行为造成影响，有时候在寻找其他动物的时候会无意间碰到睡觉的鸟儿，在刺眼的灯光里，鸟儿多数都不能够飞行，有的只能在光束中悬飞。当然也有专门夜行性的鸟类，例如猫头鹰，它们白天视力很差，夜晚是它们大显身手的时间，因为它们的食物——啮齿动物也多是夜行性。

夏季的昆虫在夜晚的趋光性很强，我们经常可以在农村的路灯下发现很多虫子，它们中以鳞翅目的蛾类和脉翅目的飞行昆虫为主，鞘翅目的步甲以及螳螂也会出现，它们是昆虫里的暗夜杀手。晚上以虫子为食的还有其他动物，路灯下便可看到蝙蝠飞过的身影。在新疆的平原农区，5~8 月还能经常见到一种夜间在灯光里矫健飞行的“鹰”，那是在新疆繁殖并以昆虫为食的一种候鸟——欧夜鹰。

了解了这么多，你是不是也开始兴致盎然地准备自己的第一次夜巡了？

拍摄沙虎　隐耳漠虎　长裸趾虎　灰裸趾虎　新疆沙虎　吐鲁番沙虎　伊犁沙虎

体验精彩夜巡

有一次我们在沙漠地区夜巡，目标是找到当地特色的一种沙虎。

沙虎是爬行纲壁虎科里的新疆荒漠特色物种，是比较容易见到的夜行爬行动物。

新疆有三种沙虎：新疆沙虎、伊犁沙虎、吐鲁番沙虎。其中，吐鲁番沙虎在世界上仅分布于吐鲁番地区。新疆的壁虎科动物还有隐耳漠虎、新疆漠虎、长裸趾虎、灰裸趾虎等种类，它们都适应了新疆独特的环境和气候，没有了脚上膨大的吸盘，取而代之的是适合挖掘沙土的带棘的利爪。

我们在沙漠边缘打着电筒慢慢寻找，忽然在几十米开外有宝石般的反光，冲着宝石光跑过去，果然是一只夜间出来活动的沙虎，沙虎特殊进化的两只大眼睛在黑夜里反射出熠熠光芒。大家拍了照片圆满完成了既定目标，正准备回去睡觉的时候，突然一只小小的身影蹦跳着被手电光扫到，大家追了上去。小家伙在灯光里呆立不动，它的耳朵很特别，几乎和身体一样大，前腿很短而后腿长而粗壮，长长的尾巴末端还有显眼的白色毛簇，活脱脱一个微小版的澳洲袋鼠。它是一只可爱的跳鼠，而且是我们在夜巡时头一次碰到的“长耳跳鼠”。一位第一次参加夜巡活动的小伙子尤其激动，他说在他小时候，爸爸送给他的一本介绍世界上奇特动物的科普书里就有这种耳朵奇大的跳鼠照片，他至今印象深刻，记忆犹新，没想到20年后竟然不期而遇！

夜间的野外活动常常远离我们熟悉的人居环境，安全是最为重要的。危险绝不会来自于什么伤人的猛兽，更不会有什么妖魔鬼怪，夜巡最大的危险是来自于因为夜间视线不好而容易造成的摔伤或者迷路。在夜巡活动之前，最好先在白天对目标区域进行地形观察，排查可能的危险区域；在沙漠、戈壁这样缺少明显参照物的环境里夜巡，最好携带GPS之类的定位、指向工具以避免迷路。夜巡尽量

长耳跳鼠属于哺乳纲啮齿目跳鼠科长耳跳鼠亚科，主要分布于新疆的南部、东部以及准噶尔盆地东部地区的荒漠草原地带，又宽又长的耳朵和超长的口须容易与其他跳鼠区别。新疆还有五趾跳鼠、三趾跳鼠、心颅跳鼠等十多个跳鼠科种类，是我国北方跳鼠种类最集中最丰富的地区。它们都是穴居的夜行性动物，极其可爱但很少被人关注，它们是适应了严酷环境的荒漠精灵。

三趾跳鼠 五趾跳鼠 脂尾矮跳鼠 小地兔

避免单独行动，出发前一定要检查好照明设备，确保其都能正常工作，并携带足够的备用电池，另外保暖衣物也要准备妥当，因为夜间气温通常会下降得很快。

灯诱

利用昆虫趋光性的特点，在野外点灯进行的“灯诱”，也是夏季夜间经常使用的观察方法。有些昆虫白天是很难找到的，晚上选择合适的环境点上一盏灯（常用高压汞灯，电源可使用发电机或汽车电瓶），支起白色幕布，不久就会有虫子飞过来落在白布上，而且越聚越多，这是一场昆虫的聚会，也是一场精彩的表演。有些虫子在

灯前不停地飞，有些在地上慢慢地爬，有些虫子会静卧在幕布上直到天明，有些是赶来要美餐一顿。

昆虫爱好者往往喜欢个体较大的鞘翅目甲虫或者漂亮的鳞翅目蛾子，可以给它们拍摄"证件照"，但更多的是体型很小、相貌平平的直翅目、双翅目、半翅目、脉翅目的种类，我们大都无法准确鉴定出它们的种名。昆虫的种类极其庞大，

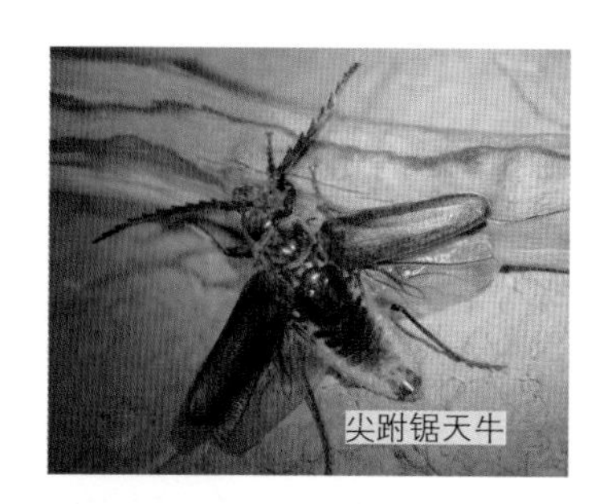
尖跗锯天牛

被灯光引来的雾云鳃金龟

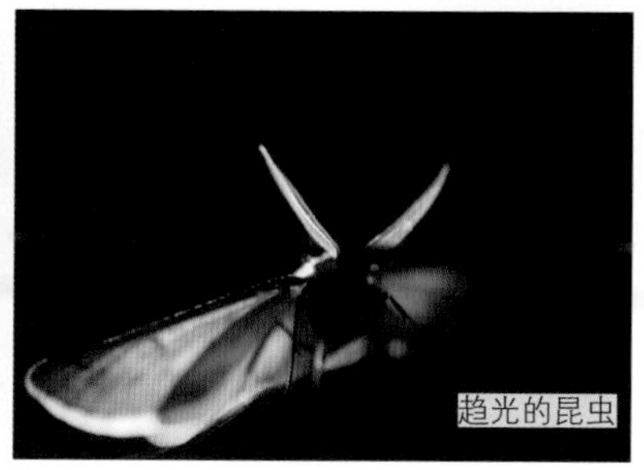
趋光的昆虫

犀金龟

对于爱好者来说不一定都要了解到种名这么精细，能分类到科就可以了，对个人偏好的类群可以着重进行分类上的深入学习。在野外观察时，应侧重于对它们行为的观察，积累生物学知识，记录影像资料。昆虫的鉴定难度较大，一般不能仅凭图片，还需要实体标本来进行更为细致的鉴别，所以爱好者可以有针对性、适度地采集一些标本。

观察者可针对不同的观察目标来选择点灯的地点和时间，灯诱装置的布设点应选择周边生态环境好的开阔地，尽量避开其他光源的干扰。不同的时间段，飞来的昆虫也往往不同，有些可能只会在后半夜出现，这可就需要熬夜守候了。对于要采集标本的昆虫，可使用提前准备好的"毒瓶"（罐头瓶内置适量纱布或脱脂棉并滴入少许乙酸乙酯）迅速毒死昆虫，然后用硫酸纸包成三角袋，写上时

间、地点等采集信息，放入收纳盒里；对于体型小且柔软的昆虫，也可以浸泡在装有医用酒精的小型容器里保存。不论是采集的标本还是拍摄的照片，一定要将时间和地点的详细信息记录下来，这样才能成为科学研究的材料而不单只是具备科普和欣赏价值。

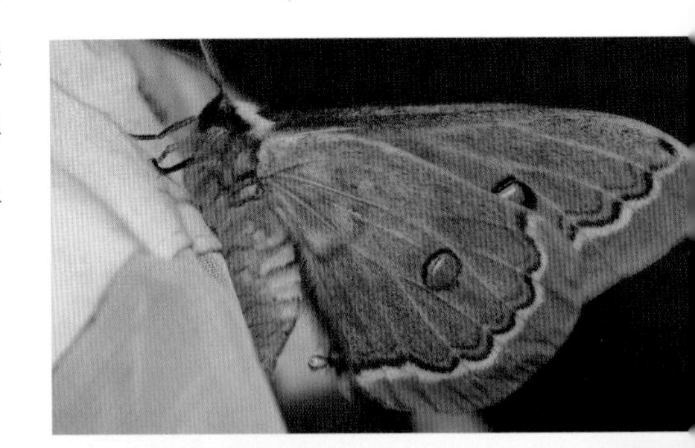

柳天蚕蛾属于鳞翅目天蚕蛾科，天蚕蛾是蛾类里最美丽最被人喜爱的一类，它们体型一般较大，翅膀上的花纹绚烂多彩，有些还有长长的翅尾，在新疆极少被记录到。天蚕蛾活动很有规律，雌蛾天黑不久就会出来活动，而雄蛾要到后半夜才能见到。天蚕蛾的幼虫也很大，野外偶尔见到的“巨型毛毛虫”可能就是天蚕蛾的蚕宝宝哦。但是因为天蚕蛾发生期很短暂，又在夜间活动，故野外调查资料匮乏。

自然笔记（by 丫丫鱼）

自然观察是自然笔记的核心，没有认真地观察，就无法记录自然笔记。对于自然界的观察，可以通过看、听、嗅、尝等方式，感受越多，理解就越深刻。大家可以从观察静态的景物开始，从中寻找动物们生活和活动的蛛丝马迹或者这片栖息地上以前的生命迹象。还可观察春天里的花如何开放、树如何展叶，夏天里的蛙类、虫儿、鸟巢，秋天里的落叶、雁飞、成熟的果实，冬天里城镇乡村周边生活的雀类以及积雪封霜的景象，物候就这样一刻不停地随着大自然季节变换运转着。坚持观察自然，记录自然，不仅能有效地提高和大自然交流的能力，更是我们探索自然、融入自然的途径。年复一年，生命的泉水不停地流淌，自然观察笔记也就成为人类与自然万物互相联系的载体。

记录自然的方式多种多样，可以拍照片，也可以拍摄一段视频，但是这些手段不便于记录更多的具体信息，如观察的具体位置、气温等数据，也不能记录观察者自己的一些内心感触，并且记录后还需要进行繁琐的整理工作，展示也有一定的不便之处。最好的方式还是通过简单的笔和纸，将观察者所看到的、感受到的，包括一些具体的信息通过准确的速写和文字全部记录下来，这样更详细也更加直观。

自然笔记的工具

自然笔记可以从最基础的速写记录开始。一支笔一个本子足矣。

绘画基础好的，可以带上针管笔或者钢笔（要灌防水墨水），一小盒固体水彩或者彩色铅笔，对观察对象的形态和色彩进行更详尽的描绘。

如何做自然笔记

◆ 自然笔记的基本信息

日期：日期是自然笔记中最为重要的信息之一，它有助于判定季节、月份和年份的相对关系。

地点：地点也是自然笔记中重要的信息，它有助于整理一些物种的分布区域和相关习性。

天气：天气状况会影响大多数生物的活动，所以也要加以记录。

简短的文字描述：除日期、地点等信息外，观察者还可以记录下周边的环境、植被状况，以及观察者感兴趣的其他信息，也可以记录下自己的一些感受，有助于事后对整个观察过程进行更加全面的梳理。

◆ 在大自然中观察

近距离观察

有些物体需要近距离才能轻松地观察，比如树叶、花朵、昆虫或者岩石，尽可能按照实

物的大小进行勾勒。根据自己的需求可以进行三五分钟的速写，也可以进行详细的绘制，如果知道它们的名字，能一一注明是最好的。这里建议大家可以先对自己的身体部分做出尺寸的判断，比如自己食指的长度，前臂的长度等，这样会有助于对观察目标的大小长度进行判断。倘若你想进一步细化你的自然笔记，可以针对观察物所在的环境进行描述。

清晨，我来到乌伦古湖边上的郊野公园。这里没什么人，走了一圈我也没发现什么好玩的，便在沙枣树边坐下休息。不小心发现了地上有很多可爱的东西。羊屎，小树枝，草枝，各色的小石头，还有很小的多肉植物。橙褐色的蚂蚁也窜到我的画上来，于是成了画中一景。

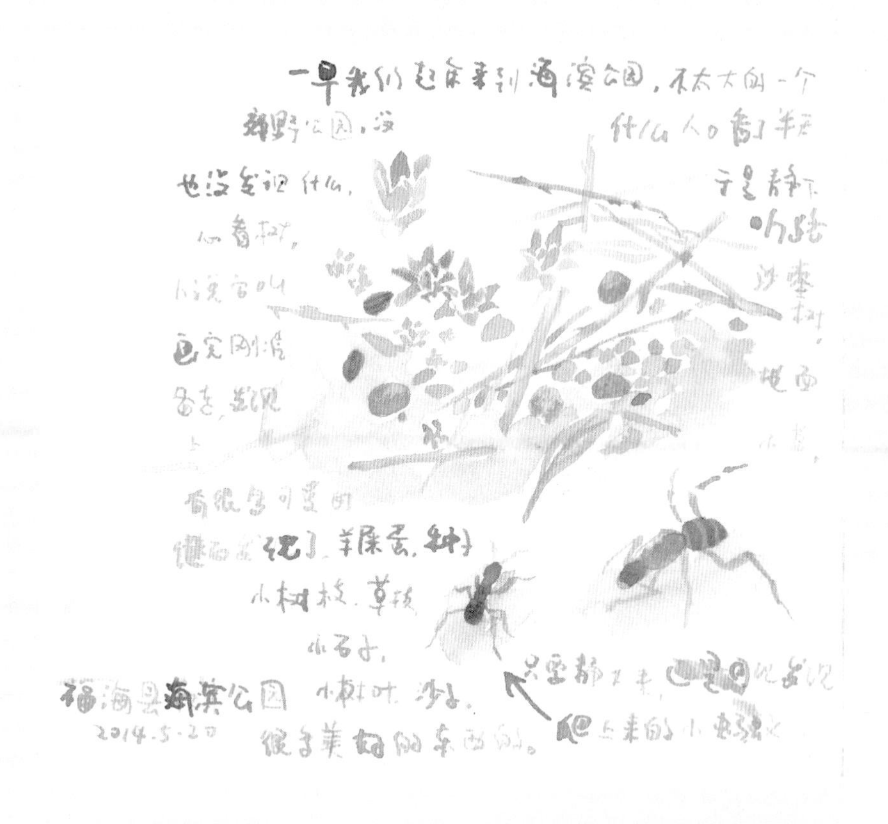

远距离观察

远距离观察，我们有时候会借助一些工具，比如望远镜，这样便可以在不打扰动物，或者不能够近距离观察的情况下仔细观察。比如奇异的叶子，高耸的植物，树上的鸟巢。

我们在新疆伊宁市郊的一个地方恰巧见到了正在筑巢的白冠攀雀。因为有一定的距离，我们便拿出单筒望远镜观察它们。现场的感觉真是太美妙了！鸟儿每隔一两分钟就会从远处衔来像绒毛一样的草，钻进巢穴里开始干活。等它再次出来的时候，会东张西望一下，然后继续寻找适合筑巢的草。

我想我是幸运的，我看到了鸟儿筑巢的过程，这个时刻通过单筒望远镜，我可以看得很清楚，我快速画下了筑巢中的白冠攀雀。这件事可以让我开心很长一段时间了。

环境观察

记录环境时，基本以全景的方式下笔，但尽量不要画大幅的风景画。要记录的只是某种特殊的环境，比如森林、草原、山峦等。环境的大轮廓要尽量画得简单，最好像统计表一样。注明所画事物名称，这样就能知道画的是什么了。

观察中提出问题

探索事物之间的联系是其乐无穷的，只不过，若要充分调动起所有感官和灵感，还需要具备专注的精神和不达目的不罢休的韧劲！你越是专心致志地观察，就越能抓住大自然的点滴。在观察的过程中，学会提问也是很有意思的一件事情，这是谁？它在做什么？为什么做？周边的环境和它有什么关系？还会有其他动物注意它么？面对其他动物，它会有什么反应？

小伙伴的自然笔记

“看”和“画”可以合二为一……于是，我不想只是“注视”一片叶子，而是走进它的生活，同它一起呼吸。

——摘自《“看”禅》（*The Zen of Seeing*），弗雷德里克·弗兰克（Frederick Franck）著

小伙伴的自然笔记

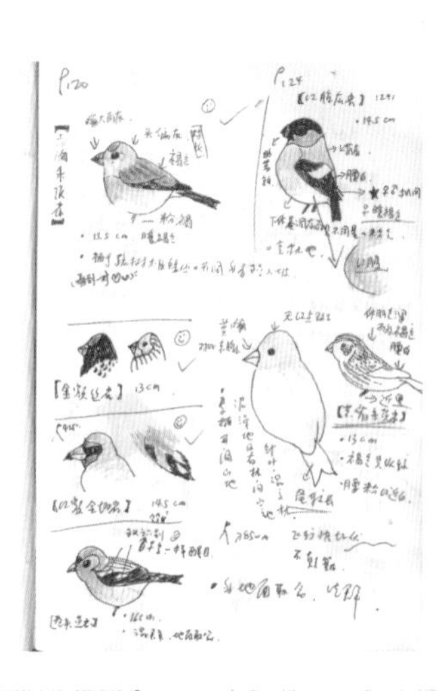

自然收集物（by 新疆岩蜥，丫丫）

羽毛

鸟类的羽毛是比较容易收集的，在很多环境中都容易发现羽毛。有时也会遇见鸟类的尸体。尸体上的羽毛，可以用手或钳子夹住羽毛的根部，向羽毛的生长方向平行用力，这样不容易折断羽杆。收集到的羽毛要保持羽毛不要被折弯，最简单的就是直插在背包上或者车上，也可以用空的薯片筒、矿泉水瓶或者报纸卷来保护。如果羽毛表面有污物，可以用清水清洗，然后用风吹干，当完全洗净吹干后，用手指沿羽毛的羽杆 45 度方

向向外捋毛，让羽小钩相互交叉上，这样羽毛就基本恢复原状了。

无论你是打算装在墙上还是放在玻璃框里，都要远离阳光照射，远离热源，这些都会使羽毛褪色。经过一段时间存放后，有些羽毛会变得零乱、僵硬。这时可以用一个茶壶烧些开水，用蒸气顺着羽毛的方向熏蒸，用软布调整。

动物的卵

春季是鸟类和爬行类的繁殖季，有时我们在野外会发现一些鸟类的卵。观察动物的繁殖是很有趣的一件事，看不同的鸟儿如何做窝，产下不同的卵，孵化出新的生命。但是我们不希望大家去捡拾动物的卵，因为这样也就等于是杀害了它们。过了繁殖季，往往会有一些未孵化的“坏蛋”，这时我们才可以做收集。当然我们也可以收集蛋壳，还能拼出比较完整形态的是最好的，蛋壳的大小形态或者表面的颜色花纹也是一件不错的标本。收集卵和蛋壳时我们需要注意不要把它弄碎了，所以需要用小盒子来装盛，里面用棉花或者干草包裹，在沙漠里可以用细砂包埋，没有盒子时用剪开的空矿泉水瓶也可以，只要让蛋不受压就好。

植物种子收集

植物对于我们来说是再熟悉不过的了，只要留意，身边比比皆是，可我们对植物的种子又了解多少呢？植物的种子不仅美丽神奇而且还有着很多的奥秘，它的形状、颜色、味道及生长储存等的特点都有所不同，采集的种子经过有创意的展示更是能成为大自然赋予的独特艺术品。

荒野秘籍：教你采集、制作蝴蝶标本

在野外采集蝴蝶标本，昆虫网是必要工具。蝴蝶落网以后，隔网迅速用手指捏住它的胸部，使它窒息，然后合翅放入三角纸袋中，记得在三角纸袋上记录采集信息，这一点非常重要。有些强壮的蝴蝶放入三角纸袋后，隔一会儿它能自行苏醒并使劲挣扎，很容易使翅尖和触角受损，这时我们还会用到“毒瓶”（滴入乙酸乙酯溶液的密闭瓶子）来迅速杀死蝴蝶。

蝴蝶标本可以做成各种样式，“针插标本”是各国正规昆虫标本室最常用的。它的优点是可以整齐排列，针下可附带采集资料和鉴定结果，并且，同一只标本正反两面都可以看。

新鲜标本身体柔软，且有韧性，此时做标本最好，要是从野外带回的三角纸袋里已经干了的标本，那就需要回软。回软器可以用密闭的容器铺垫吸水的海绵制作，将蝴蝶标本放入2~3天直到蝴蝶全身回软。蝴蝶回软以后可以做成各种姿势，我们可以参照图鉴中蝴蝶的标准像来固定标本的姿势，左右前翅的后缘成一直线是蝴蝶展翅的关键，另外蝴蝶的触角是直的、八字分开的。

将昆虫针从中胸垂直插下，留下1厘米针尾供捏手用。保持昆虫针的垂直很重要，留下的针尾尽量整齐划一，将来标本做好，移入昆虫盒中，几十只蝴蝶高低一致，非常美观。插好针，将蝴蝶两侧对称的翅膀用半透明纸和大头针固定。新疆天气干燥，基本自然风干一周即可取下，到这里算是完成了标本制作。接下来就是将标本移入分类标本盒，并在盒中放置樟脑球以防止害虫和霉菌的侵入。

荒野秘籍：诱罐制作

所谓罐诱，其实就是利用昆虫对一些物质的趋性把它们引进一些容器中，随后捕虫人把容器收走，这是一种比较简单甚至有点偷懒的方法。我们来简单了解一下罐诱方法以及诱剂配方和诱捕对象。

埋罐是一种相当经典的罐诱方式，将杯子之类的容器口朝上与地面齐平，埋在土中，一个诱罐就算埋好了。埋罐法主要用于捕捉地面爬行的昆虫甚至小动物，往往一块地需要埋很多诱罐，很费力气。但是只要方式得当，收获不但丰厚还可能有意外惊喜，但埋罐捕捉到的昆虫并不一定是对容器中的诱剂有趋性，也可能是路过时不小心掉进去的，所以不要认为埋罐捕到的昆虫就一定是被诱剂吸引来的。诱罐需要埋在较为开阔的地带甚至裸地，这样可以利于诱剂的气味散发出去。

挂罐也是比较常用的诱捕方法，将侧面开口的瓶子挂在树上，内放诱剂，飞行昆虫或树栖昆虫会被诱入其中。这种方法虽然还是有误入的可能，不过相对埋罐，误入概率低，诱捕专一性高，基本上会诱到诱剂所对应的那些昆虫。在树林中挂罐，一定要挂在相对开阔的地方，便于诱剂气味发散。可以利用边缘效应在森林边缘同时挂罐、埋罐，效率会更高。

诱剂是罐诱的重要组成部分，诱剂的使用是否得当直接关系到能不能诱到想要的虫子。诱捕昆虫的原则其实很简单，这地方缺什么，就使用什么诱剂，不要千篇一律地用一种诱剂。比如说沙漠缺水，那就没必要调配复杂的诱剂，一块吸满水的卫生纸或者棉花足矣。而树林就有点麻烦，你需要了解这片树林大概的植被情况，如果果树居多，用水果诱捕就会收获很少。当然也有例外，蛋白质类诱剂就适合所有环境，因为昆虫需要蛋白质，而在各种野外环境里蛋白质都是供不应求的。

固体类诱剂所使用的诱罐需要打排雨孔，不仅可以控制蒸发量，也不会淹死诱捕到的昆虫。而液体诱剂在刚刚放置的几天内气味浓厚传播更远，但具体选择固体还是液体，还得看当地降雨量等具体情况。

液态的昆虫诱剂如果使用在降雨量大的地方，很容易被雨水冲淡，失去作用，这种情况就需要使诱剂固化。固化其实就是给液体诱剂中的溶质一个新的载体。

最简单的固化方法是用药棉吸附，但还是容易被雨水冲淡。比较保险的做法是使用琼脂固化：48 克琼脂，50 毫升水，煮化后加上诱剂母液（需要稀释的诱剂在配成母液的时候不用加水）。注意琼脂化开后不能立即加诱剂，高温会让诱剂挥发，影响最终的效果，要等琼脂溶液冷却到不烫手（50℃左右）的时候再加入诱剂母液搅匀，继续冷却固化。

巴氏诱剂是经典的步甲诱剂，酒、醋、糖、水的比例 1∶1∶1∶20 即可，用于埋罐，但由于容易溺死很多误入的小动物，对小范围的生态环境会造成很大伤害，所以已经很少使用了，不过固化使用就可以避免这个问题。

发酵水果诱剂取材简单，基本上只需要把水果弄成酱并发酵即可，对于花金龟一类的嗜糖嗜水果的昆虫，诱捕效果绝佳，加入少量啤酒发酵效果更好。但缺点是容易搞得到处是汁液，诱罐中有必要放一块卫生纸或者棉花。注意，所使用的卫生纸不能含有香精！另外，发酵水果诱剂还会诱到很多果蝇和鳞翅目昆虫，处理起来会比较麻烦。

蛋白质诱剂的取材也很容易，死虫子、蜗牛、鸡蛋、火腿肠、鱼罐头等只要有蛋白质香味的都可以，鱼食最佳，因为鱼食专门要做出蛋白香味。这类诱剂对食肉昆虫和腐生昆虫的诱捕效果很好，用于挂罐则主要是诱捕蝇类。使用蛋白质诱剂，收罐的时候气味会比较难闻，最好戴上口罩，加以防护。

第四篇

荒野保护

这些天来，人们越来越多地谈论起保护环境的事情。一方面，环境承载着人类形体的重负，所以为了自己，我们必须保护它；另一方面，人类也需要精神上的支持，而这种支持只有特定的地方才能赋予。

任何一个地方都是整个大环境的一个组成部分，而每个地方又都被不同的情感占据。如果我们把大地看作维系生命的体系，那它就是我们所说的环境；而如果我们把它作为维系人性的源泉，那它就是那些特定地方的集合体。

我们会对某地害上“乡思”，会不经意想起它，想起它的声音，它的味道，它的景色。它令我们着魔，而我们也会以它来衡量自己的现在。

——摘自《地方感》（*A Sense of Place*），艾伦·古索（Alan Gussow）著

秋沙鸭内部争斗非常普遍，主要是争食。个体较小的白秋沙鸭自然常受到普秋鸭的追赶抢劫。
不过，休息时候还算比较和平。当白秋沙与普秋鸭对比时，体型大小一目了然。

人类对动物痛下杀手

被夹住的虎鼬

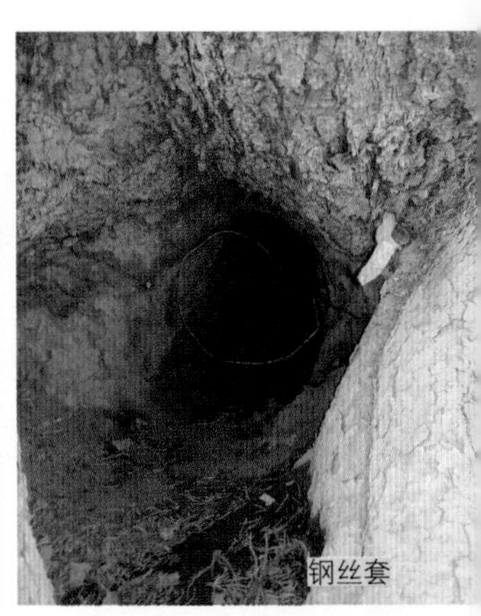
钢丝套

兽夹

盗猎

狩猎曾经是人类适应自然改变自我的重要方式，随着社会发展和文明进步，当今的社会生产力已经不再需要依靠猎食野生动物来维持人类的生存。在动物保护法颁布之后，未获相关部门批准的狩猎在我国就成为严重的违法行为。30 多年来，我国建立了越来越多的自然保护区，保护各种不同类型的生态区域和生物多样性。但因为禁止在保护区内狩猎和采集，与“靠山吃山，靠水吃水”的传统发生冲突，往往会引起保护区周边社区的对立情绪，盗猎与反盗猎变得异常复杂。

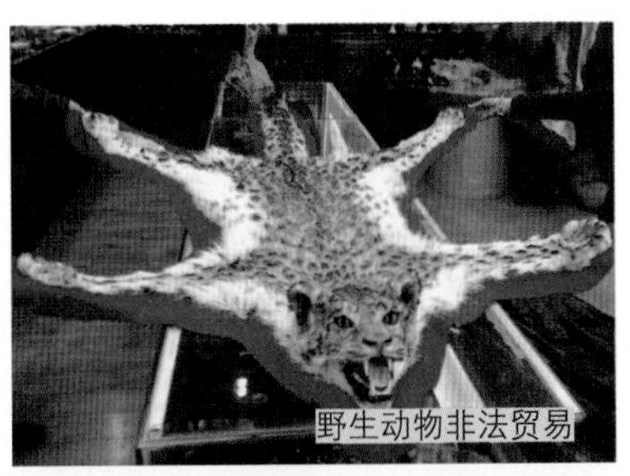
野生动物非法贸易

动物保护宣传标语

私捕圈养野生动物

牧民捕获的狼

非法捕鸟

于是，从简单的打击盗猎，到为保护区周边社区居民寻找替代生计，转变当地的经济模式，科学地利用好宝贵的生物资源将会是更加有效的办法，目前我们也已取得了相当进展并获得了一些成功经验。推动自然教育,将“保护环境”“保护野生动物”作为深入人心的共识，让更多人对野生动物交易说不，勇敢地监督和举报猖獗的盗猎行为。

路杀

人类修建的公路越来越多，很多动物的栖息地都被公路分割，对于野生动物，尤其是鸟类，公路上越来越多飞驰的汽车就是一个个杀手。新疆的 216 国道横穿卡拉麦里有蹄类保护

区，以前就发生过车辆撞死野驴、野马的案件，小型动物和鸟类死于车撞的更是不计其数。一些哺乳类动物晚上会穿越公路，当有车辆经过时，车灯会让它们停顿在原地而遭到车辆碾压，所以在野外夜间行车更要为了动物而多加小心。有很多小型鸟类喜欢在公路边觅食，尤其是冬季食物匮乏的时候，它们死在车轮下的概率也非常高。冷血动物喜欢吸热的柏油路面，夏季时常会有爬行动物到公路上晒太阳，很容易被过往车辆碾

压。我们曾经在塔城的一段乡间柏油路做了个统计，短短 8 千米，竟然记录到了 3 种鸟类和 4 种两栖及爬行类动物的尸体。所以小心驾驶、慢行，不仅是对我们自己的安全负责，也是对野生动物的一份爱心。

一只拟游隼幼鸟在巴扎上

驯鹰

在新疆，生活在北疆的蒙古族和哈萨克族、南疆的克尔克孜族和维吾尔族都有驯鹰的传统。近年，一些地方开始举办“猎鹰节”，并

喀纳斯景区“卖艺”的金雕

将驯鹰文化作为非物质文化遗产申报，在一定程度上促成了一股“玩鹰”的风潮，甚至在本没有鹰猎传统的地区也有人开始“玩鹰”，催生出一条野外盗猎和贩卖的利益链。猛禽都是鸟类里的顶级物种，不论是金雕、猎隼，还是苍鹰，目前在野外的生存状况都岌岌可危，保护级别都很高，而用来驯养的猛禽绝大多数来自野外的盗猎。据我们在北疆地区传统金雕繁殖地的调查，绝大多数的巢都遭到了人为的破坏。盗走幼鸟的情况最为严重，这一地区的国家一级重点保护动物金雕和猎隼数量急剧下降。面对驯鹰现象，争论始终不休，有人站在尊重少数民族传统的立场支持，有人站在发展地方经济的角度提倡，有人会相信“猎鹰驯养几年就会被放归自然”这样的说法，也有人从保护野生动物的角度出发而坚决反对。驯鹰的传统，在生产力不够发达的过去，有它存在的时代背景，但在生产力已经进步的今天，在自然环境更为脆弱的当下，对于这一现象，我们是不是应该有更科学、更理性的思考和认识呢？

如此文化催生了动物贸易

驯养的金雕

驯养的苍鹰

猎隼和游隼

猎鹰文化节

所谓的鹰猎表演

阿勒泰森林公安查没并放飞了非法驯鹰

从认知到行动

近年兴起的观鸟拍鸟活动

近年兴起的观鸟拍鸟活动

自然观察也是一种保护

迁徙中的鸟群

自然观察是以探索自然奥秘、推动环保教育、促进生态友好为主题的体验式户外活动。大自然中多彩和美丽的生物可以引发人们的兴趣、启迪人们的认知、洗涤人们的心灵、指导人们的行为。目前国内例如观鸟、生态营这样的主题自然活动已经蓬勃发展起来，对出生和成长在物质富足年代的孩子们培养更全面的世界观意义重大。广州市已经把“观鸟”作为当地所有小学的推荐课外活动，北京的自然博物馆成为孩子们上生物课的大教室，这在上一代人的童年里是不可想象的。我们有理由相信，中国的环境保护和动物保护局面会迎来重大而深刻的转变。

“自然小屋”构想

泰国考亚国家公园

新疆有独特的自然景观资源，也有很多著名的旅游景区，例如天池、喀纳斯、可可托海、那拉提、巴音布鲁克，

在尼泊尔的翠西国家公园看鸟

在尼泊尔的翠西国家公园看鸟

泰国考亚国家公园

等等。这些地方除了拥有独特的风景，也是新疆物种多样性极其丰富的地方。走遍各个景区，无一例外的都是在宣传大美的风光和特色的民俗文化，而极其珍贵的生物资源却并没有被认知。在国外的很多国家公园，除了必要的交通、食宿条件之外，吸引人的往往是一座自然博物馆，哪怕是一个“自然小屋”，在这里有丰富的自然陈列和书籍，以及精美的照片和动物纪念品，还有专业的导赏和各类观察自然的活动。生态旅游的开发，重在保护和挖掘，而不需要大兴土木。建设一座“自然小屋”不仅是建造一个直观的开展自然教育和环保宣传的基地，更是一套生动有趣的自然课程，是对所在地生物多样性的考察梳理和成果展现。

尼泊尔奇旺国家公园

尼泊尔翠西国家公园

尼泊尔翠西国家公园

柏林自然博物馆

柏林自然博物馆

柏林自然博物馆

柏林自然博物馆

柏林自然博物馆

泰国考亚国家公园

尼泊尔翠西国家公园

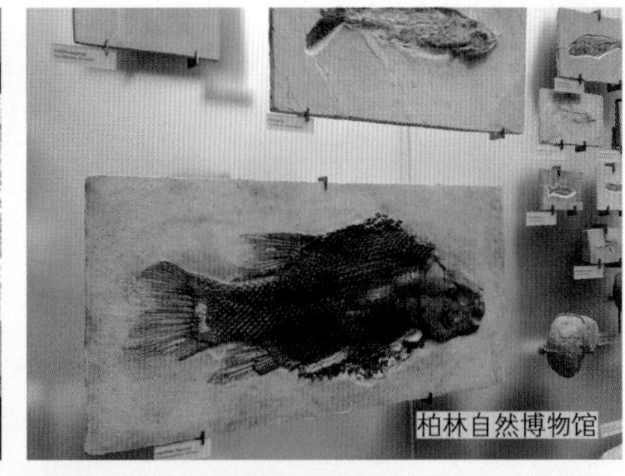
柏林自然博物馆

柏林自然博物馆

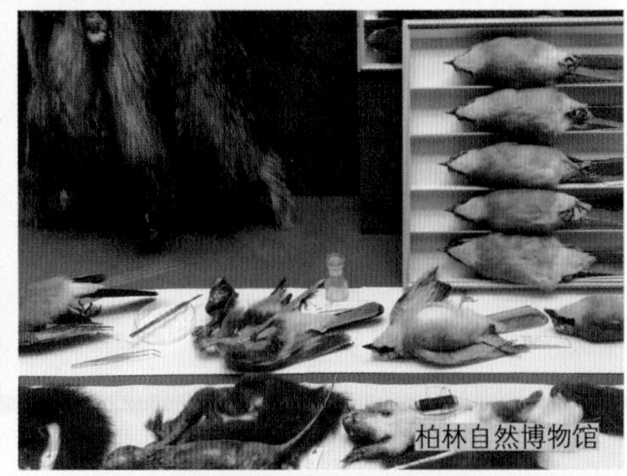
柏林自然博物馆

柏林自然博物馆

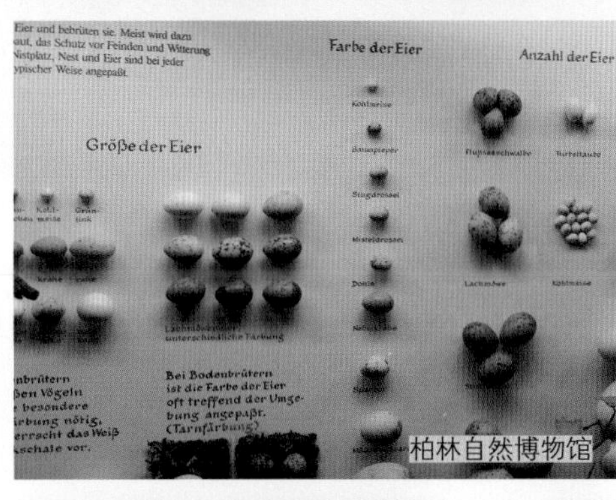

柏林自然博物馆

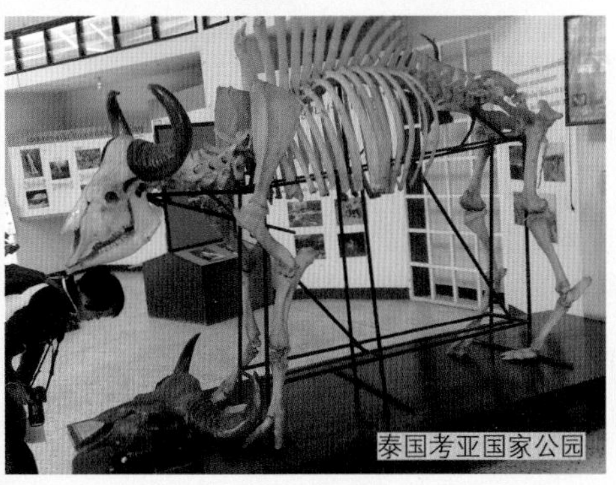
泰国考亚国家公园

泰国考亚国家公园

荒野手记

出生快 20 天的小雕

卡拉麦里零距离——金雕的成长故事

第一次上巢

6 月 21 日，是个令人兴奋的日子，因为我要攀上金雕的巢给小雕做测量。这是小雕出生后的第 35 天，是我参与马鸣老师金雕调查项目后第一次近距离接触我们的观测目标——G4 巢的 2011 幼雕。

幼雕趴卧在巢中，整体外观仍然以白色细羽为主，但仔细观察，背部、尾部和翅膀的部位均有暗色的羽毛开始长出。爪和喙部发育得很快，显得很大，但明显无力，腿还不能站立，爪也无抓握能力，颈部很软，似乎都不能支撑起头部。此时的幼雕体重已经超过了 3 千克，但却还是个小婴儿，对外界的入侵毫无抵御能力，只是趴卧不动任人摆布。

G4 巢是一个典型的卡拉麦里地区金雕巢，建在山体沟谷中背阴的崖壁顶部，巢材就近取材于卡山地区枯死的梭梭枝等，随着一年一年的反复使用和修建，巢变得非常巨大。G4 巢有近两米宽，一米多厚，被大家戏称是“百年老巢”。

幼雕 5 周大了

废弃的雕巢

棕尾鵟一家

猎隼和鵟不翼而飞

野外常驻观测

6 月 20 日，丁鹏带我去看月初时观测到有幼鸟的猎隼巢，没想到等待我的却是一个空巢，按时间推算幼鸟还没有到自行飞离的时候。鸟去巢空，巢内无端多了两块石头，这是明显的人为痕迹。值得安慰的是我们在途中又新发现一个棕尾鵟的巢，有 4 只幼鸟（2 只深色型，2 只浅色型），都长得很健壮了，看起来用不了多少时日就可以离巢。

路边被盗的猎隼巢

随后的两天我们驾车从卡山至北塔山一带再次巡视了G12，G5，G7，G2巢区的10多个金雕巢，结果令人失望，这几个在前几年还一直有繁殖记录的巢区今年全都没有繁殖迹象。金雕往往会持续轮换使用同一个巢区里相距不远的两个或更多的巢，除非周围环境遭破坏或者某年繁殖失败才可能促成金雕放弃使用多年的巢区。

6月23日，当我们返回途中再次去探望三天前发现的棕尾鵟一家时，结果令人惊愕，修建在路边高高土崖上的巢内空空荡荡，几天前还活泼的4只幼鸟没了踪迹。现场遗留的大量踩踏脚印和一段大货车上常用的捆扎绳索给出了答案——应该是过路的大货车司机无意间发现了这个巢，出于一种好奇或者其他什么目的干了这件事情。这与猎隼巢的被盗绝对不同，前者是惯犯嫌疑，目标明确手法干净，巢里还留下那神秘的石块，让人痛恨，后者是莽夫所为，无知而随意，令人痛心。

动物王国

卡拉麦里大荒原是准噶尔盆地东部最神奇的一块土地。我十几年前第一次在这里进行户外探险活动时就深深喜欢上这里，从火烧山、喀木斯特向东穿越卡拉麦里山有蹄类自然保护区，经过魔鬼城、玛瑙滩、恐龙沟、黄羊滩、红柳沟，再穿过省道228线一直沿北塔山南麓到达木垒胡杨林和鸣沙山，荒原落日苍凉凄美，戈壁雅丹广阔绚烂。

荒原上常见大群的鹅喉羚和蒙古野驴在车前奔跑，后面还有几只狼远远跟随。

红柳深处有泉水可以让动物们解渴，秋天在这里集群的沙鸡铺天盖地。8~10 月从遥远的北方飞来的鸟儿途经这一区域，留下越冬或者继续向南。尤其是 10 月，每天约有几百只大型猛禽飞过北塔山地区，停下来补充能量，那可是难得的盛会。

卡拉麦里荒原上奔跑的蒙古野驴

卡拉麦里山

卡拉麦里还是猛禽的重要繁殖地，有金雕、猎隼、黄爪隼、游隼、短趾雕、红隼、棕尾鵟、雕鸮、纵纹腹小鸮等，它们都在同一个地区世代繁衍。据马鸣老师前些年的野外调查资料，考察队明确记录到的各类猛禽巢就超过 300 个。

北塔山

又见小雕

再一次对 G4 幼雕的测量已经是 7 月 2 日（45 日龄），幼雕明显强壮，体重也达到 3.6 千克，而且可以完全站立起来，背部和头颈都有棕色的羽毛长出来，显得一片黑。幼雕对于我的再次到访完全不像上次那么友好，展翅、叼啄、大口喘气，宣誓自己已经不是小婴儿了。只可惜体力还差，不能维持站立姿势太久，清澈的眼神还是流露出一丝恐惧，最后流着口水做半卧状向我投降。

幼雕 40 日龄后，适应和抵御外界变化的能力稍强些，成年金雕回巢照顾幼鸟的时间已经很少了。在阳光灼热的午后，幼雕已经能够本能地爬到有阴凉的窝角，下雨时，幼鸟也能独自抵御。以前成鸟除了在巢内照顾幼雕外，常停落在附近的山顶守望，现在已经很少在巢区附近停留。公鸟和母鸟每日或隔日的早晨或黄昏会带食物回巢，它们轮流回来，公鸟行为简单，往往扔下食物随即离去，而母鸟停留的

收集到的食丸——食丸形状呈圆形或椭圆形，部分鸟类对其食物中不能被消化或被排泄的东西以食丸的形式反吐出来

金雕 40 日龄

时间较长，仍然帮助幼雕分解食物并喂食。幼雕 45 日龄时最后一次见到母鸟在巢内过夜，直到第二天凌晨离去。

我在巢内猎物的残骸中发现最多的是野兔，有成年的个体也有较小的个体，还发现了刺猬和石鸡的残骸。我们也收集了附近大的食物残骸，有兔子和石鸡的腿骨，还有一具犬科动物的颌骨，估计是狐狸或者鼬科动物。在大鸟经常停落的地方还

收集到很多食丸，里面除了动物的毛发骨骼外，还找到一副信鸽的脚环，看来一些飞行的鸟类也会成为金雕的食物。这些线索与我们在巢区 5 千米范围发现的野生动物种类相符，有野兔、刺猬、石鸡、岩鸽、狐狸、黄羊和一些鼠类，看来金雕的食物是多源于此的。

探访 G8 和 G6 巢区

观测

7 月 3 日之后，我们拔营从卡山的 G4 巢区向北塔山方向继续巡查另外几个巢区，其中位于北塔山的 G6 巢区据说是最有希望的一个。

首先到达的是卡拉麦里山东部的 G8 巢区，这是一座壮丽优美的红色石山，在广阔的荒原中远远看去就鹰气十足。从山腰到顶部，粗略发现 5 个金雕巢和几个隼巢，这里以前就是猛禽密集的繁殖地。较低的几个金雕巢很快被确认没有使用迹象，只有靠近山顶最高处的那个大巢带给我们惊喜，巢沿可见新鲜的枝条，而且周围有大量的白色粪便。这个发现一下激起了大家的热情，我先爬到对面的高点用望远镜观察，但因为对面巢太高还是无法看到巢内情况。我决定爬到巢所在的山崖顶部从上面往下一探巢内的究竟。一个小时后我们顺着陡峭的山脊接近

寻找雕巢

寻找 G6

到巢上方的崖顶，风很大，脚下也只有不大的立足地，我趴下身子，伸出头去用望远镜看下方 10 米左右的雕巢，巢内没有鸟，但里面有食物残骸，可以确定这是一个今年使用过的巢，但已经遭了不测，因为巢内遗留了一块白色织物和一块神秘的石头。又是石头，我们已经连续在几个被掏的巢中发现奇怪的石头，就像盗墓贼留下某种不解的印记。

寻找 G6 巢着实费了一番周折，由于没有车行的道路，对这一带也不甚熟悉，我们只能根据 GPS 点试图从戈壁滩上接近，两天里从各个方向做了几次尝试都没能抵达 G6 巢区，其中最接近的地方也有 5 千米。不过这种尝试非常有益，我们已经把北塔山南麓的前山地带的基本情况摸清楚了，还绘制了一幅路线示意图，更有趣的是顺便把北塔山前山区域的鸟种做了调查。北塔山这边随着海拔升高，鸟种和卡拉麦里那边略有不同，除了漠鵰、白顶鵰、灰颈鹀、蒙古沙雀、平原鹨、红隼、猎隼、黄爪隼、楼燕、亚洲短趾百灵、灰伯劳、粉红椋鸟、石鸡和卡山地区相同外，还记录到赤胸朱顶雀、赭红尾鸲、灰柳莺、大杜鹃、岩燕等在山谷里有繁殖。最意外的是在海拔 2000 多米的山区灌丛地带记录到一只欧夜鹰，此前我还一直认为欧夜鹰只在新疆平原地带活动。

空空的雕巢

红隼的巢

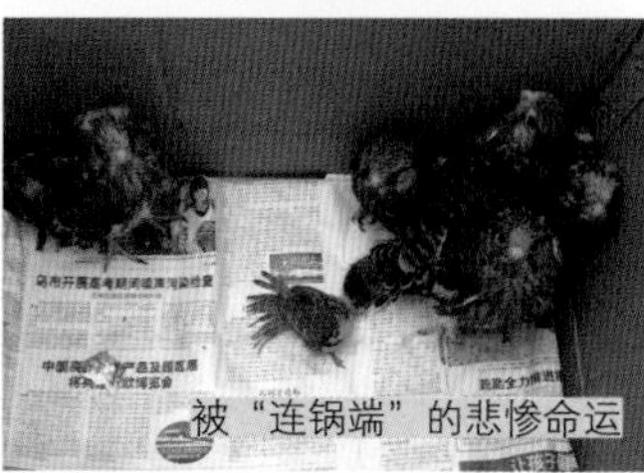
被"连锅端"的悲惨命运

红隼巢的悲剧

在北塔山牧场一个武警测绘分队的营地，我们偶然看到有士兵在用弹弓打麻雀喂养红隼。一个不大的纸箱装着 5 只还不会飞的红隼，一个来自北京的小战士坦然地说起它们的来历：两天前在 50 千米外的一条河谷测绘时，在简易公路旁的石缝里发现一窝"猎隼"，自己便把它们带回来喂养，还说以后要带回北京去。我无语了……我们无法责怪这个年轻的战士，他或许听说过猎隼很昂贵的传说，或许只是觉得好玩和好奇，但从他的身上，我们看到了国内动物保护教育环节的缺失和宣传的不足，这是让我们最无奈也最想改变的事情。

十天前，我们对 G5 巢区进行调查时，在附近河谷简易公路边的石缝里记录了一窝红隼，离地面只有 2 米多高，5 只可爱的小家伙还在母鸟的喂养呵护下幸福地成长，它们就在 50 千米外。我不敢把这两件事情联系起来，不愿意接受自己的推断，我还清晰地记得当我接近隼巢时母隼尖叫着在我头顶悬停，停落在我 2 米的地方不肯飞走，眼神里没有愤怒，是哀求。

护巢的红隼母亲

两天后，途经 G5 巢区附近的红隼巢，巢空。我们安静地驶过，没有停留。

初具雕相

因为工作原因返回乌鲁木齐一个星期，7 月 16 日我怀着忐忑的心情连夜开车返回卡拉麦里山 G4 巢观测点。到达时天还没有亮,我完全看不清 500 米外的雕巢，于是躺在座位上睡去，当第一缕阳光照进车窗时，我猛然惊醒，抓起望远镜朝巢里望去，感谢上帝，雕还在!

两个月前，小雕破壳而出，没赶上给它过个满月，今天庆祝一下双满月。60 日龄的幼雕体重已达 3.9 千克，头部肩部和背部已经基本棕黑色了，只有胸口和腿部还留有大片的白色绒羽。腿部力量明显增强，和爪配合得也越发协调，有蹬抓动作。翅膀开始有力地伸展和挥舞，头部也能明显抬起，转动灵活，开始有啄羽的动作。

小雕初具雕像

小雕 60 日龄

巢内的食物

幼雕大概在 40~50 日龄阶段，开始有明确的自行啄食的动作，主食是野兔的内脏和大鸟帮助分解的食物，多是大块吞咽。现在幼雕已经在学习主动使用嘴和爪配合分解食物了。35 日龄时幼雕每天大约排便 5 次，颜色青黄色。随着日渐长大，排便次数不断增加，而且越来越白。60 日龄后幼雕已经像成鸟一样排便迅速，颜色奶白了。后来在 67 日龄时，我第一次在巢内发现一枚新鲜食丸，应该是幼雕所吐。它已经像是只雕了，一个英俊少年。

哭泣的卡拉麦里

有两个和卡拉麦里相关的地名,“卡拉麦里有蹄类自然保护区”“奇台硅化木—恐龙国家地质公园”，长期以来都属于有建制没建设的状态。这恰恰是我们最喜欢

新建起的工业园

看到的情况，整个 216 国道向东一直到 228 省道的广阔地区，除了一些石油勘探活动外，人类活动基本很少。这的确给野生动物包括猛禽提供了最后一片栖息地，也给我们这些爱探险的人划出了一片乐园。2005 年我在 216 国道喀木斯特一带曾经有一次见到过近百只蒙古野驴，2009 年在 216 国道旁的水源地还有一次拍摄到 26 只鹅喉羚来饮水。一旦深入卡拉麦里腹地，野生动物更是频频出现，每每让我们想到非洲大草原上的繁荣景象。

这几年我们的探险活动已经变得容易起来，原来的石子路和车辙路被高等级的柏油路和新建的乌准铁路替代，手机信号也迅速覆盖，“五彩湾工业园”的指示牌赫然竖立在“保护动物”的旁边。飞速的基础设施建设的背后动力是准噶尔

采石场密布

穿梭不止的重型卡车

盆地地下丰富的资源。216国道以西的广阔地带因为石油开采已经喧嚣了20多年，从火烧山到克拉玛依，荒原上一座座人类现代文明的堡垒通过纵横的公路网连接。现在轮到216国道以东自然保护区的范围，这里的探明煤炭储量据说占全国的7%，而且都是浅层煤矿，优质且宜开采。50多家大型煤化工企业已经进驻大戈壁，正夜以继日地进行初期建设，总投资额几千亿元。开发区管委会的精致大楼早已竖立起来，两年内这里将出现一座5万人的城市。216沿线白天停满了超载的重型卡车，等到夜幕降临后，绵延数十千米的巨大运输车队令人叹为观止。为了拉动新疆经济发展，赶超内陆地区，造福新疆2000多万各族同胞，面对在保护区内如此壮观的开发建设，所有人都信心满满跃跃欲试。

但是，2010~2011年，我在这一区域穿越十几次，所记录到的鹅喉羚不足50只，也没有见到过一头蒙古野驴。

228省道以东的卡拉麦里山地区情况更加糟糕，相比五彩湾这边的规模化开发，这里就算是原始开发了，大大小小开采石材的矿业公司已经把这里1000多平方千米的地区分割占据，目标就是这里的优质花岗岩。5米直径的巨型切割机日夜轰鸣，200多台百吨超重卡车每天向外输送石材，原本无人的荒野，简易公路纵横、四通八达，沿途永久和临时的服务体系也迅速跟进建成。这片荒原上突兀的石山原本是金雕、猎隼等猛禽最钟爱的繁殖地，G7，G5，G8和美丽的鹰山都位于此。然而随着人类的迅速侵入，鹰巢下变成了轰鸣的采石场，聚满了对鹰巢抱有好奇和无限遐想的掏窝贼。

截至目前的调查，这一地区的金雕巢区没有一例繁殖成功，连一些小型猛禽也不能幸免。

最后一次测量

7月25日，幼雕70日龄。

幼雕在40~50日龄时，才有了明确而持久的站立（10~20分钟），之前多是趴卧巢中。60日龄时白天在巢内站立时间可达3~4小时，对异常情况仍以趴卧躲避。70日龄的幼雕已经在巢内以站立为主，也不太怕周遭的异常情况，当我接近巢边的时候已不再趴卧，竟有点要跃出巢的意思。

与小雕零距离接触

此时的幼雕颈部毛色金黄，除腿部还是白色细羽外，其他部位已是乌黑亮丽的羽毛。伸展开的翅膀明显大了许多，嘴可以张得很大，舌部现在有些收缩，不

遮住头部让小雕安静下来

像以前伸出很长，舌尖也从以前的粉红色变为褐黄色。腿部明显有力，可在巢内较快移动。每次上巢对幼雕测量体重、体长、蜡膜（鸟的角质喙与前头部之间的柔软皮肤，是一种感觉器官）、尾长、翅长、趾长、附趾、飞羽、嘴裂等数值，外加观察拍照，我都会与幼雕“亲密接触”半个小时，虽然每次幼雕都不那么情愿。这次反应尤其猛烈，一开始便对我的相机使出扑打蹬踹抓的组合攻击，但我从它眼神中读出的不再是以往的恐惧，而是自信和坦然，就像在和我嬉闹一般。我收起相机，幼雕也逐渐安静下来，我们一度是零距离，因为它的一只爪子已经抓在我的大腿上了，它用利爪传递给我一种力量。我决定这次放弃称重，估计它现在已经有 4 千克了。

我靠在它的身边，它也似乎接纳了我的存在，安静下来，眼神淡定地眺望远方。绵延的卡拉麦里山，寂静的戈壁荒原，这里是你不久后翱翔守望的家园，也是我一直热爱的天堂。离 G4 巢直线 1 千米就是一条简易公路，周围 10 千米内有 3 家私人矿点，说不定早就有人打你的主意，只是我们几个月来一直守护你到今天。现在你是一个这么英俊的小伙，正为出门远行做最后的准备，你是多么幸运的一只小雕啊，当你飞向蓝天的那一刻，请永远记得与我相对的时刻，记得我给你起的名字——卡小金。

攀爬悬崖

别具洞天的 G6 巢区

根据马鸣老师的分析，上次我们没能找到的 G6 巢区是今年金雕繁殖最有希望的地方。因为 G6 巢区位于北塔山前山地带，离卡山人类活动密集区较远，连牧业活动都很少，从到达的困难程度可见也应该是块不错的保留地。于是我和丫丫决定再次搜索 G6 巢区，希望今年的调查能有新的突破。

这一次我们综合第一次了解的情况，选择从 G6 巢区山体西侧的前山戈壁探路接近，经过一番上上下下的越野刺激后，我们终于将车开进一条离 G6 巢区 GPS 点只有 2 千米多的河谷里，扎下营地。

第二天一早我们背上路餐和水朝 G6 进发，随着 GPS 显示离预定目标只有 300 米，一条从红色山体竖直劈出的山谷出现在眼前，有一条小小的溪水从山谷流出，细细地流淌进宽阔的河床。我们之前去过的山谷都只有干涸的河床，一年只有为数很少几天会因为降雨形成地表流水，而这可是一条货真价实源源不绝的溪流啊，虽然只是流出山谷不远就消失在干涸的河床上。

7 月下旬的戈壁滩地表温度近 60℃，这条小溪给本来只带了两瓶饮用水的我们带来无尽的欣喜，捧起涌出的山泉喝了个饱然后美美洗了个头（好多天没洗了，快成毡子了）。这里果然别有洞天，狭窄沟谷里不仅有树木，还有结满了金黄果实的野沙棘。

我们加快脚步，很快就发现两个红隼的巢和几个岩燕的巢，幼鸟都在巢边练习飞行呢。再走不远，一座高耸陡峭的崖壁竖立在河谷拐弯处，拿望远镜搜寻，很快找到了崖顶处的一个蘑菇状大巢，这就是 G6 了。初步观察没有发现巢边有像新鲜粪便这样使用过的痕迹，我和丫丫还是不甘心，顺着一条陡峭的山脊向巢对面的山顶攀爬，一个小时后从高处再次观察巢内，的确没有任何当年使用过的痕迹。

正当我们失望的时候，一只大鸟从西面的山头飞过，举起望远镜，金雕，是一只金雕，这又让我们兴奋起来，在这一带的山里一定有金雕繁殖。之后我们对整条沟进行搜索，除了发现一片巨大的黄爪隼繁殖区外，仍然没能发现金雕的繁殖巢。

难得一见的山泉

发现桃花源

露营

马老师叮嘱过这一带的每条沟都可能有雕巢，所以我们决定第二天再排查附近其他几条沟。晚上大家看着银河吃着自己烹饪的美食，后半夜却突然下起了暴雨，这让把帐篷扎在干河床上的我们胆战心惊，还好安然到天明。

第三天我们搜索了 G6 巢附近的其他几条沟，又发现了几个繁殖的隼巢和一个空的金雕巢，但我们还是相信这一带有金雕繁殖活动，和前一天基本相同的时间我们又一次见到一只金雕成鸟在这一区域盘旋。

由于放心不下 G4 那边，我们最终决定结束这次寻找，返回 G4。

金雕出巢

7 月 31 日，幼雕 75 日龄。

一大早观测，幼雕依然站立在巢中，一切如常。随着太阳逐渐升高，快到 10 点的时候，幼雕突然从巢里跳到离巢 2 米远的石台上，这一举动吓了我一跳，这

出巢前一天的卡小金

茕茕孑立的幼雕

可是它两个多月来第一次离开巢。我们也很激动，看来它飞离巢的时刻似乎不远了。一个小时后幼雕又跳回巢里。中午强烈的阳光晒进巢里的时候，幼雕再次从巢里跳到背阴处的那个石台上躲避强光，直到午后幼雕才返回巢内，展翅，弹跳，好一番兴奋后才趴进巢里的阴凉里。它在做离巢前最后的准备。

日落前，金雕爸爸突然回巢，扔下一只小兔子，旋即离开。

8 月 1 日建军节 ，天一亮就听到丫丫喊叫“雕没了！”，我赶紧拿单筒望远镜来看，果然巢里空空，前一天它活动过的石台上也没有。我们继续扩大寻找，在巢西 500 米最高的那个山头上，发现了幼雕茕茕孑立的身影，那里是以前它的父母经常停落的地方。但是它是如何上了这山巅的？可惜我们不知道昨夜发生了什么,它是一夜之间就获得了飞行的能力,还是像前一天出巢那样“走”上山顶的呢？

一飞冲天

翱翔在自己的王国里

我们决定马上去证实一番。

我和丫丫分别从山顶的两侧山脊向上靠近幼雕，这样保证它的所有反应动作都会有人看到。很快我就爬到离山顶 30 米的地方，幼雕就一直看着我没有什么反应，我坐下来静静地观察，过了好久幼雕终于朝我这边挪了挪身子，我知道是丫丫在从另一面靠近了幼雕。我调好相机准备记录。一个展翅排便的动作后，幼雕奋力一跃，展开的巨大翅膀扇动出轰鸣，跳出我的取景框，很快在我面前一个漂亮的转身朝丫丫那边滑翔而去。可能是太过紧张，我的抓拍动作突然变得非常笨拙。看着幼雕飞出我的视线，突然有种莫名的失落，就像失去了心爱的孩子。爬上山顶，看见丫丫还站在那里眺望幼雕飞走的方向。一转身，我看到她已经泪流满面。

金雕国王

后记

幼雕出巢后，飞行能力还不强，多在巢区附近一带活动，还没有捕食能力，成鸟依然会回来投食给幼雕。这一时期，幼雕警惕性还不高，人往往可以接近到几米。晚上幼雕也不再回巢而是在避风的碎石坡趴卧，清晨再飞上山顶。离巢的这段时期还是重要的成长期，但不像小型雀鸟那样受父母宠爱，金雕父母依然很少回来，幼雕基本上是自学自练，从一个山头飞起再轻盈地降落在另一个山头。

出巢两天后，我们也结束了对 G4 巢金雕的全程观测，返回乌鲁木齐。

愿人与金雕都能幸福安康。

新疆金雕调查项目卡拉麦里组成员 西锐 记于 2011 年 8 月

追踪城市边缘的“雪山之王”

我的雪豹情结

雪豹属大型食肉动物，是食物链顶端的指示性旗舰物种，被我国列为一级重点保护动物，被世界自然保护联盟（IUCN）评估为濒危物种。

十多年前的我，还是一个狂热的登山探险爱好者，喜欢到雪域冰峰中释放自己年轻的激情，从青海到新疆，从昆仑山到天山，好像总有使不完的劲，总是对未知的荒野充满无限的遐想。

2005年的春节，我在于田县昆仑山火山口的探险考察活动中，拍摄到雪地上一串巨大的动物脚印，并在一具岩羊尸骨上找到一枚嵌入头骨的动物犬齿。返回乌鲁木齐后，我结识了正在做雪豹调查的马鸣老师。经马鸣老师证实，它们都是雪豹留下的，这算是我和雪豹第一次美丽的邂逅吧。马鸣老师送给我一幅拍自托木尔峰的照片，雪豹在日落的余晖中，从垭口上布设的红外相机前轻轻地走过，相机记录下它美丽而神秘的身影，悠然地一回眸让人过目难忘。从此雪豹成为了我心目中的雪山之王，也是从那时起，马鸣老师始终引导鼓励着我走在自然观察之路上，一直是我的良师益友。

从三江源到乌鲁木齐

三江源邂逅雪豹

2013年的夏天，我和“村长”“张果老”等几个鸟友在青海三江源地区追踪拍摄几种珍稀特有鸟。一天傍晚，在一条峡谷中我们与三只雪豹狭路相逢，是一只母豹带着两只幼豹到谷底喝水。当时我们发现雪豹时，距离它们不到50米。看到我们趴着不动，雪豹似乎并不害怕，竟然还玩耍起来，年幼的雪豹甚至还好奇地朝我们靠近查看，直到20分钟后突降暴雨，它们才消失在嶙峋的山崖上。这真是一次意想不到又令人难忘的奇妙经历，当在野外近距离面对那只梦中的“大猫”时，大家紧张激动到头皮发麻，心跳加速，几乎不能呼吸。

经过青海那次与雪豹的亲密接触之后，我忽然产生一个念头——乌鲁木齐附近会不会就有雪豹呢？

以前我们一直认为雪豹生活在人迹罕至的高山区域，数量又非常稀少，被人类看到的机会很小，很多研究雪豹的专家甚至一生都没有在野外见到过它们。雪豹一直蒙着一层神秘的面纱，我分析其中可能有两个原因：第一，有机会见到雪豹的多是活动于山区的牧民，以前信息传播渠道不畅，即使有人看到了，我们也不知道。这两年雪豹在媒体曝光的次数越来越频繁，例如雪豹被困于羊圈、司机用手机拍到了过路的雪豹、摄影爱好者拍到雪豹捕食北山羊的画面，甚至雪豹出现在温室大棚顶上、牧民捡到雪豹幼崽，等等。这种直观变化一方面得益于照相机或有拍照功能的手机被普遍使用，另一方面网络的日益发达使得人人都能够成为传播者。第二，猫科动物以夜行性为主，行动诡秘，缺乏深度的调查研究，让人感觉非常罕见。就像一些夜行性或者行为非常隐秘的鸟类，我们通常见不到，就会觉得非常稀少，当掌握到观察方法进行深入调查时，才发现其实数量大得惊人。

乌鲁木齐坐落天山脚下

雪豹在国内主要分布在新疆、西藏、青海、甘肃的一些高山区域，根据现有的研究资料，这些区域目前都有雪豹分布，这也和这些区域岩羊、北山羊等雪豹主要食物的分布吻合，再加上近年越来越多的目击事件，是否可以得出一个推论：既然一个物种已经基本占领了它们可以占领的所有适合生存的区域，那么说它们濒危，可能也有缺乏调查的原因，雪豹或许应该有较大的种群才对。以三江源地区为例，当地的岩羊种群数量大得惊人，经常可以见到几百只的大群，雪豹在这一地区的种群数量应该也是不少的。

乌鲁木齐位于东天山主峰博格达峰脚下，作为新疆维吾尔自治区首府及第一大城市，在天山北麓铺展开来。从市区向南、向东几十千米便可以到达天山的针叶林生境，周边多是海拔 3000~5000 米的山峰，自然条件优越，生物多样性丰富。随着这些年动物保护工作的加强，生活在城市边缘的大型野生动物越来越多，在附近登山和徒步的时候经常能够看到他们的踪迹：森林里生活着天山马鹿、狍子和野猪，成群的北山羊在林线以上的高海拔山地游走跳跃。食草动物的繁盛，必然会为上一级的食肉动物提供更好的生存条件。

既然乌鲁木齐周边具备雪豹生存的良好条件，那么这里应该有雪豹！

雪豹足迹

“荒野追兽”成立

2013 年的冬天，我在北京拜访了“猫盟”的几个朋友，参加了他们的交流分享会，向他们取经学习。2014 年春节后回到新疆，在他们的支持和鼓励下，我马上着手准备进行“乌鲁木齐周边野生动物调查”这个项目。

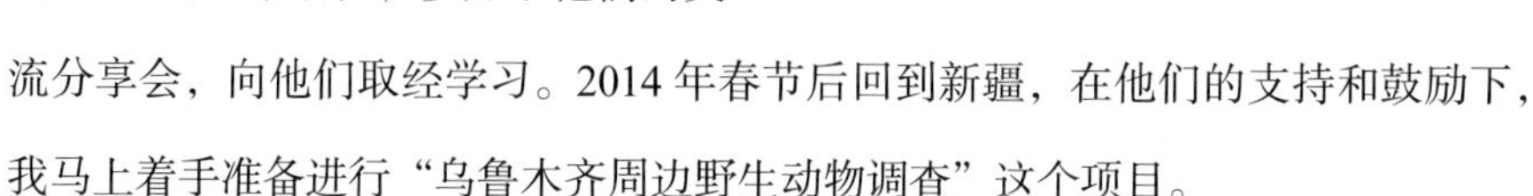

首先是组建团队，我们在荒野新疆志愿者团队中挑选户外经验丰富、有时间和热情的自然爱好者，集中进行培训和野外实战演练，包括红外相机布设要领、野外动物痕迹辨别、数据采集和整理规范等，明确了初期调查目标和野外安全纪律。“荒野追兽”小组（下文简称追兽组）正式成立。

接下来就是划定调查区域，因为多年户外活动经验的积累，我对乌鲁木齐周边区域地理环境已经非常熟悉，根据不同动物的生活环境和食物分布特点选择出天山北麓不同海拔的代表性环境：海拔 3000 米以上的高山岩石、草原环境，海拔 2000~2600 米的针叶林环境和海拔 500~800 米的荒漠环境为我们重点调查区域。

调查活动的第一个目标，侧重于锻炼队伍，积累野外观察经验，熟练掌握红外相机使用。

每到周末，追兽组都会行动起来，前往不同的调查区域，爬高山、穿林海、走沙漠，仔细寻找动物留下的蛛丝马迹。这是一项非常有趣的体验活动，有点像大侦探破案，虽然看不到动物，但是可以根据线索展开联想，还原“案发现场”。一旦经过研判确定是动物稳定出没的区域，便可布设下红外相机，一探究竟。

我们在荒漠调查区找到一处犬科动物使用过的洞穴，在针叶林调查区发现有大量食草动物的足迹和粪便，在高山区域发现了被猎食的北山羊尸骨遗骸和大型食肉动物粪便……

焦急等待了一个月后，随着红外相机数据被陆续取回，谜底一个个被揭晓。

到荒漠洞穴附近造访的是狼、赤狐和野兔。

针叶林里频繁活动的是马鹿、狍子和北山羊。

高山区域除了大量北山羊活动之外，还有一个振奋人心的消息：4 月 7 日，一台相机在夜间拍到了一张浑身斑点、拖着又长又粗尾巴的大型猫科动物，我们真的在乌鲁木齐周边首次记录到了最重要的目标物种——雪豹。

深入调查，锁定雪豹

第一季（2014 年 3~5 月）的调查结束，初步了解了各个区域内哺乳动物分布的种类特点，其中乌鲁木齐近郊记录到雪豹的活动是最令人鼓舞的结果，大家一致确定将雪豹作为未来深入调查的主要对象。

随着 2014 年的冬季临近，新一季的动物调查即将开始，针对雪豹的调查方向逐渐明确：

林中的狍子
林中的马鹿

1. 了解雪豹的野外生存状况，包括其种群大小、活动节律、家域范围、猎物构成、个体关系等。

2. 了解该区域内雪豹猎物（北山羊、旱獭等）的相对密度和种群分布，了解雪豹所代表的生态体系的质量和特点。

3. 了解猞猁、棕熊、狼、赤狐等伴生物种的种群概况及与雪豹的共存关系。

4. 了解人类放牧、盗猎、开发等活动对雪豹栖息地的影响情况。

2014 年 11 月，乌鲁木齐当年冬季第一场雪后，追兽组又开始了行动。之所以在夏季停止了乌鲁木齐周边调查监测活动，主要是因为随着夏季牧民开始在山区放牧，家畜占领了高山草场，食草的野生动物被迫向更高更远的地方迁徙，北山羊的生活空间被挤压得非常狭窄，基本与家畜接近甚至重叠，经常可见家羊在谷底和较低的山坡吃草，而北山羊在山坡中上部或陡峭的山脊上觅食，这时候雪豹等食肉动物也随之远去。秋季之后牧民纷纷转场到海拔较低并且温暖的冬牧场，于是动物们重新占领了山林和荒野，这也是我们开始继续野外调查活动的最佳时机。

我们是民间组织，没有经费支持，所有的调查设备和野外工作都依靠追兽组的志愿者们自己出钱出力，相机数量有限，所以对于相机的布设也格外谨慎，力争做到“有的放矢，精准打击”，因而前期的野外调查至关重要。

追兽组扩大野外调查范围，根据春季获取的雪豹及其他动物活动信息，圈定出两个不同生境、各 20 平方千米左右的调查样方，分别对雪豹及其食物构成、竞争物种进行针对性了解。追兽组队员们在样方区域内进行地毯式搜索，在针叶林区穿行，攀爬所有的峭壁，对动物们留下的足迹、粪便、刨痕、毛发、嗅迹、食物残骸都做了仔细的采样、拍照和分析判断。

关于雪豹，我们发现了许多有价值的信息，比如留在悬崖上的北山羊残骸，这样的精准杀戮、这样的险要之地，除了雪豹还会有谁？我们发现的多具北山羊遗骸都是成年公羊，身体的大部分都被吃掉了，只留下头、四肢和皮毛，这与我们之前的判断截然不同——我们觉得幼羊可能更容易被雪豹捕捉，但是我们发现的都是成年公羊。是因为群体里的公羊在面对雪豹袭击的时候，舍命掩护家庭成

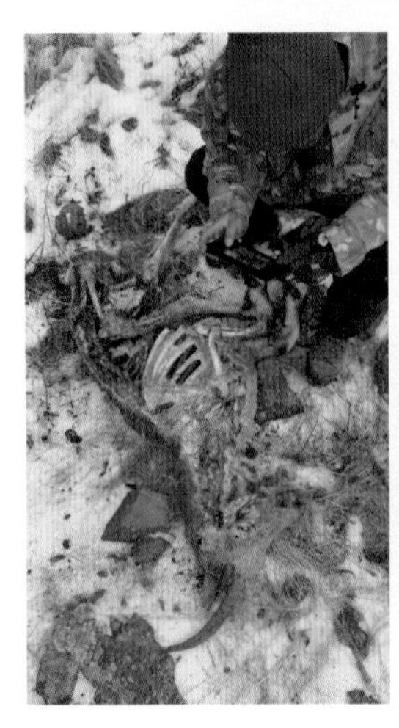

员撤退，自己却命丧豹口呢？还是因为这个季节是北山羊交配分群的季节，雄性北山羊在打斗中受伤而沦为雪豹的食物呢？这些有关动物行为学的问题既需要大胆的猜想，更需要获取证据来解开谜团。

我们在高山样区的野外观察中还收获了一些重要经验，通过找到的雪豹粪便、嗅迹、刨痕等线索勾勒出雪豹的一些行为特点：雪豹喜欢沿着山脊或石壁下行，会经常下到沟谷里，而且喜欢走平坦好走的路径，更喜欢沿着北山羊的兽道打埋伏。它们会在一些标识性地点，例如崖壁下、碎石滩留下粪便和刨痕，这些地方应该就是它们的固定家域。

做好充分准备后就可以布设红外相机了，红外触发陷阱相机是近年国际流行的野生动物调查所使用的装备，它们可以在无人值守的野外长时间工作，而且隐蔽性强、夜间也可以拍摄，一旦有动物进入相机触发范围，相机会立即启动并拍摄下影像资料。

第一批布设的相机中有 4 台是明确锁定雪豹的，都安放在了我们发现有雪豹活动迹象的地方。

雪豹“冰冰”

2014 年即将结束的时候，追兽组进行了当年最后一次野外调查活动。我们对野外布设的红外相机进行了数据回收，其中重点锁定雪豹活动区域的 4 个地点中有 3 个都记录到了雪豹的影像。

数据显示在2014年11~12月期间的40天内，雪豹共计6次在不同的时间出现在预定区域，以夜间活动为主，在清晨和黄昏各被记录到一次。

这是一只成年的雪豹，它频繁在这一区域内活动，并对红外相机产生了兴趣，镜头前的雪豹目光淡定而自信，先是好奇地打量和闻嗅，然后蹲下来用后爪在地面上反复刨擦——它在标识领地。它长得非常漂亮，灰黄色点缀深色圈斑和点斑的皮毛颜色很具有隐蔽性；为了适应高海拔缺氧环境，鼻腔进化得扁平宽阔；短而粗壮的四肢，外加等身长的大尾巴，适合在陡峭的山崖上自如游走和捕猎。

这只被我们窥探私生活的雪豹与4月最早发现的雪豹是同一只，可以判断这里应该是属于它的领地，每隔一周左右，它总会在这一区域觅食或者巡视。我们给它取了个名字叫“冰冰”，这是我们在调查区域内第一只建立个体影像档案并取名的雪豹个体，我们甚至还不能确定它的性别，但在志愿者心目中，叫“冰冰”的都是大美女。

雪豹一向独来独往，只有每年1月末至3月中的繁殖季节，成年雪豹才会在一起活动。在已获取的影像资料中可以确定有一只斑纹颜色较浅的雪豹经过“冰冰”的领地，看来还有其他雪豹在周边区域活动。种群数量关乎一个物种是否能够健康繁衍，这一点很重要。

我们在周边扩展了调查区域并增加布设了红外相机，期望获取有关“冰冰”或其他雪豹的更多信息。2015 年已经到来，“冰冰”会不会找到一个如意伴侣，它们会不会为雪豹家族增添接班人，它们的家庭在新的一年里如何面对美妙的或艰难的故事？这一切都会随着我们野外调查的深入被一一记录和解答。

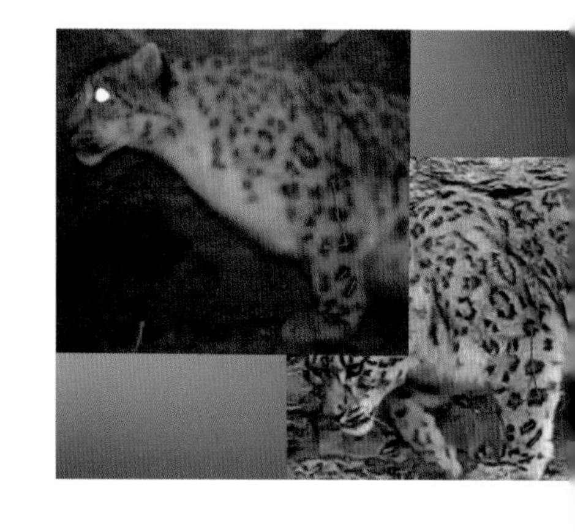

自然之美即是生命之美。野生动植物调查是一项非常有趣的户外活动，从产生兴趣开始，进而付诸行动，然后获得认知，最后采取科学且有意义的保护。这些活动正深刻地改变我们的户外理念和环保理念，正集结越来越多的民间力量参与其中。

两只雪豹幼崽

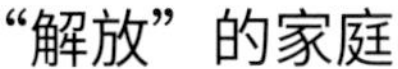

“解放”的家庭

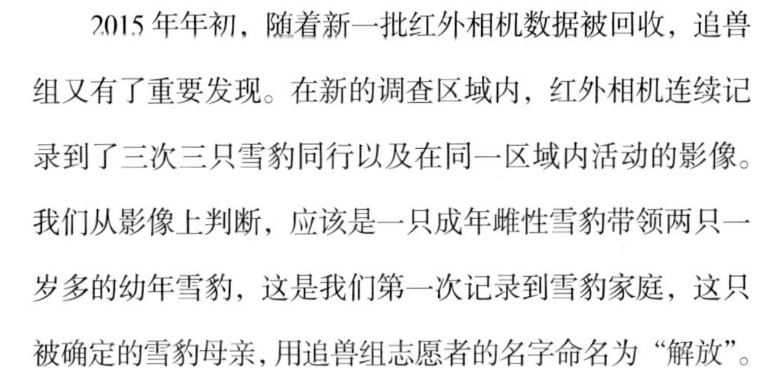

2015年年初，随着新一批红外相机数据被回收，追兽组又有了重要发现。在新的调查区域内，红外相机连续记录到了三次三只雪豹同行以及在同一区域内活动的影像。我们从影像上判断，应该是一只成年雌性雪豹带领两只一岁多的幼年雪豹，这是我们第一次记录到雪豹家庭，这只被确定的雪豹母亲，用追兽组志愿者的名字命名为“解放”。

雌性雪豹一般独自养育2~3只幼崽，雪豹在幼年还小的时候会隐藏在巢穴中，母亲外出觅食，靠乳汁养育幼崽，等到幼崽稍大些，母亲会带回一些肉食喂养它们。小雪豹在半岁以后才会逐渐离开巢穴跟着母亲在领地内巡视，这时母亲会交给它们更多野外本领，直到幼豹一岁半以后，才能离开母亲独立生活，去开创自己的领地。这之后母豹会再次发情，和进入领地的公雪豹交配，怀孕后又会独自养育新的幼崽。

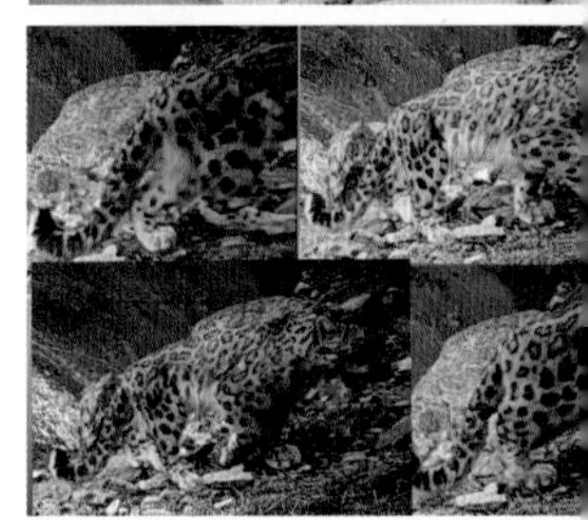

不断有新发现

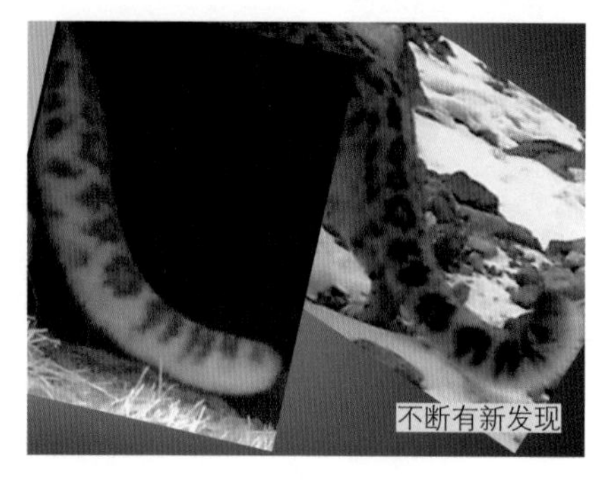

红外相机在 2015 年 2 月 3 日记录到一次三只雪豹共同猎杀一只幼年北山羊的视频，画面中两只体型稍小的雪豹在尝试杀死猎物并争抢食物，最后母亲“解放”出面干涉。这一段视频告诉我们：雪豹“解放”一直在抚养两个孩子，现在两只小雪豹已经大约一岁半了，在母亲的带领下学习包括捕猎等野外本领，不久后两个孩子将各自离开母亲，开始自己的独立生活。

在 2015 年 1~4 月，这个 20 平方千米左右的调查覆盖区域内，“冰冰”依然独自游走，“解放”家庭生活的情景也逐渐呈现在我们眼前。独行侠和雪豹家庭的领地在这里相互重叠，它们都会来到固定的地点嗅闻并进行气味标记，给彼此留下信息，但你来我往却从不同时出现。雪豹独行，都有比较固定的家域，可能会有部分重叠，大家都小心翼翼地在互相避让，以免发生冲突。

因为调查区域覆盖面积小，红外相机回收的数据也少，我们对它们的家域范围和活动节律还了解得不甚清晰，但是可以稳定追踪到四只雪豹，这对追兽组已经是巨大的激励。一个雪豹家庭顺利繁衍了后代，再次印证了乌鲁木齐近郊尚存完整的生态系统，一个健康的雪豹种群正等着我们去慢慢揭开神秘的面纱。

重返三江源

随着冬季的结束，乌鲁木齐南山地区的兽类调查也再次停止。在两个布设红外相机的区域（一个高山区、一个森林区）内，记录到雪豹、北山羊、马鹿、狍子、野猪、赤狐、石貂、白鼬、兔狲、松鼠、野兔、小眼姬鼠共 12 种兽类。总体来看这一区域冬季物种丰富度一般，之间的关系也比较简单。在高山区，主要是雪豹和北山羊形成食物链关系，而赤狐和石貂，甚至兔狲和白鼬都可以算是雪豹的受益动物，它们是雪豹食物残骸的主要消费者，除此之外并没有发现例如狼或者熊这样可以和雪豹进行生态位竞争的物种。在森林区，马鹿和狍子是主要动物，也记录到北山羊，但并未发现雪豹。野外见到过一只狍子的遗骸，无法确定猎手的身份，初步判断为狼或者猞猁。

三江源雪豹生境

另外，冬季调查区域附近人类活动的情况基本掌握：旅游活动基本停止，有少量牧民冬季放牧,还有矿业单位在生产。大量社区走访的反馈是绝大部分人“没有见过或听说过雪豹”。

5月前结束野外调查，还有一个原因是我自己还不能全身心投入雪豹调查，毕竟夏季是我的主要工作时间，还需要赚钱糊口。2014年夏季，我受中央电视台纪录片《自然的力量》摄制组的邀约，作为新疆区野外拍摄指导为其工作了半年，2015年会继续，第一阶段的任务是进行新疆阿尔金山和青海三江源地区的拍摄，而后者的拍摄目标正是雪豹。

2015年6月，我再次回到了两年前和雪豹邂逅的三江源。有了一年多在新疆调查雪豹的经历，再次审视这里的石山和峡谷，信心满满。十天的野外拍摄期间，共发现三次雪豹，并在最后一次进行了有效拍摄，顺利完成了工作。在野外追踪雪豹不易，拍摄更是难上加难，三江源是我心目中最好的雪豹栖息地和拍摄地，但是现在我的心已经另有所属,那就是乌鲁木齐,我开始牵挂那些生活在我身边的“大猫”了。

7月，我正在新疆伊犁地区进行野外工作，突然接到了来自“山水自然保护中心”的参会邀请去参加首届玉树国际雪豹论坛，地点是青海玉树，我上个月才去过的地方。

“山水自然保护中心”是我国民间环保组织的一面旗帜，关注雪豹的人都知道这个机构。在北大吕植教授的带领下，山水团队一直在三江源地区开展着卓有成效的雪豹调查研究和保护工作。正是他们工作的影响力才让我在两年前机缘巧合地去了趟三江源,才有了后来新疆的雪豹调查。对于我来说,这次参会学习的机会,简直就是一次“朝觐”。

这次雪豹论坛云集了国内外雪豹研究机构和专家，国内与雪豹调查及保护有关的民间组织也有机会一起观摩学习。雪豹调查研究和保护都需要提出明确的目标，并以科学而有效的方法，产出具有价值的结果。论坛成果之一“雪豹中国网络”的建立，对我们这些民间组织带来莫大的帮助，当我们再次展开雪豹调查之前，得到了山水机构在项目规划设计上的科学指导，并得到了很多宝贵的经验传授。沿着成功者的足迹前进，会少走很多弯路。

众筹行动

野生动物的野外调查主要是解决有没有、有多少、在哪里、怎么样这样一些问题。我们已经知道了乌鲁木齐近郊的山区有雪豹，而且有繁殖，推测具有一定的种群数量。那么接下来想更深入对该区域雪豹种群数量及生存状况有所评估，就需要制定科学的调查计划，在前期调查的基础上，扩大覆盖范围。

经过夏季的停顿期之后，10 月将迎来 2015~2016 年度冬季的雪豹野外调查。前期的调查为我们积累了宝贵的野外经验，包括如何寻找动物踪迹、如何合理布设相机，对雪豹的活动特点也有了初步的认知。冬季北山羊会集中在阳坡草场、低海拔河谷，甚至林区越冬，雪豹也会随着食物向下移动，形成季节性迁移和集中。基于这些信息，我们制定了一个高效且符合天山地形特点的调查方案：利用 100 台红外相机，在海拔高差跨度 1500 米、覆盖面积 100 平方千米的区域内，建立起一条覆盖典型栖息地的狭长形监测区，来了解这个区域（500~1000 平方千米）内的雪豹种群状况。

这样一个“庞大”的计划，所需红外相机的数量远远超过我们现有的设备，单靠追兽组的志愿者是没有能力做到的。2015 年 9 月，追兽组发起网络众筹，为即将开始的雪豹调查筹集资金。在广大志愿者的热情关注和资助下，短短一个月便顺

利筹集到了目标资金 20 万元，用于购买设备和支持整个调查季节的野外食宿开支。

相机布设前的大量野外勘察、短期内用 100 台相机覆盖 100 平方千米的区域，大量的工作需要更多合适的志愿者加入进来。按照 45 天收取一次数据的频次，整个冬季至少需要 5 次集中野外工作，每次最少需要两组人 5~10 个工作日来完成。可以想象，这对于追兽组来说又是一次新的挑战！

第三季的野外调查从 2015 年 10 月 23 日正式开始，计划每期 10 天，首要工作是对预定区域进行野外勘察并布设红外相机。年底前，追兽组进行了两期野外工作，25 个野外工作日，超过 20 名志愿者参与，布设完成了 11 条样线、近 100 台红外相机，覆盖区域达到 100 平方千米。所有的红外相机监测点都严格按照要求记录位点、拍摄照片、描述环境信息、登记相机和数据卡编号。

志愿者们投入到辛苦的野外调查中，很快就有了回报：10 月 29 日，一组志愿者就在野外目击到雪豹，这也是追兽组两年来第一次野外直接目击并拍摄到雪豹，它正是“冰冰”。

建立雪豹档案

我们设计的红外相机覆盖区域基本上沿着一条大河谷展开，形成一条绵延约 25 千米的狭长样线，又按照连贯的网格抽取了 11 条小样线覆盖局部的典型栖息地，从海拔 2000 米的针叶林区一直延伸到海拔 3500 米的高山裸岩区。从低到高大体分为三个部分，之间被矿区和自然峡谷分割，我们试图通过这次调查来了解雪豹在天山北麓的栖息地占有特征以及区域内的连通度。

相机多了，回收的数据就多了，甚至成了“海量”。我们经常通宵查看红外相机采集到的图像和视频，并将其中包含的信息进行分类记录。首先是辨识物种，分别将不同物种的影像和附带的时间、地点、行为、数量等信息进行汇集，将这些信息不断添加到区域总体矢量图上，让区域内动物的分布情况一目了然。

对于雪豹，当然要重点关注。2016 年 1 月，随着样线的布设全部完成和数据的不断回收，我们所布设的 11 条小样线中，有 10 条都记录到雪豹活动。不仅在高山裸岩区，而且在低海拔的针叶林区、开阔的草场、狭长的谷底，甚至在公路上和牧民家的后院里都有雪豹悠然而过的身影。这些结果大大超出了我们的预想，看来“雪豹生活在林线以上的高海拔陡峭岩石区”这样的描述还不尽全面，雪豹在天山北麓的冬季栖息地选择上有很强的特殊性，这与它们的主要食物——北山羊的活动息息相关。

那么，雪豹在这么大的一个区域频繁活动，到底有多少个体呢？每一只的活动范围大概有多大呢？红外相机是否能记录下一只雪豹的行动路线呢？它们之间会是什么关系呢？要想解答这一大堆的问题，就得慢慢抽丝剥茧，首先要把雪豹个体一一识别出来，就像“冰冰”和“解放”那样，给它们建立影像识别档案。

使用红外相机调查法的最大的优势就是可以记录影像，我们在稳定的监测点都会成组布设相机，为的就是尽最大可能获取雪豹个体的影像。雪豹全身的斑点花纹看似雷同，其实细节差异很大，将同一部位的清晰影像放在一起对比，尤其是身体的两侧及尾巴的脊部，很容易区别是否是同一只。

在连续 6 个月的红外相机监测中，共记录了超过 200 次的雪豹独立事件，回收了 300 多条雪豹视频、500 余张雪豹照片，追兽组队员还在野外记录了超过 1000 张的雪豹足迹、食物残骸、刨痕、粪便等照片。在这“海量”的数据中，我们逐步识别出超过 20 只雪豹个体（其中包括三个繁殖家庭），并初步勾画出它们的家域和活动节律。

人兽冲突

2016 年春季，在我们的监测区域开始发现有北山羊不正常死亡，一些离群的病体表现出明显的腹泻情况。随后的两个多月里，北山羊非正常死亡的情况愈演愈烈，追兽组每次进入山谷回收数据时，两三千米的路线上有时就能碰到十几只死亡个体。在报告了林业管理部门后，我们协同检疫部门一同做了一次野外实地调查，并对死亡的北山羊尸体进行了解剖和取样化验，结果发现是一种只在偶蹄目动物中传播的传染病“小反刍疫”造成了北山羊种群的大量非正常死亡。

食物的减少势必会对雪豹种群的生存带来严峻的考验，它们如何适应这突如其来的灾害？它们的数量、行为、领地、食物选择等会有哪些变化？这成为追兽组新的关注点。于是，2016 年的野外监测被确定为跨越全年，这也是我们首次在夏季对南山区域雪豹进行跟踪调查。

随着 5~6 月牧民向山区转场，社区访问调查同时展开。我们和所有红外相机监测点附近的牧民都建立了联系，以便随时了解当地情况。6 月下旬，高山区的一户牧民最先和我们通报了一个情况：他的羊群刚进入夏牧场驻地 3 天，就遭遇了一次雪豹袭击，损失了 4 只绵羊，这也是他放牧十多年来首次见到雪豹攻击羊群。随后的两个月里，追兽组队员通过走访牧民、实地考察，不断汇集来的信息显示，在所有高山监测区（海拔 2800 米以上）放牧的牧民，羊群大多数都遭遇了雪豹袭击，有几户损失较大的牧民（损失的羊有 20 只左右），已经开始表达对雪豹的不满"再没人管，我就把雪豹毒死"。

我们不断回收的 5~9 月的红外相机数据也对雪豹活动情况有清晰反映：所有低海拔林区（2800 米以下），冬季有稳定雪豹活动的区域在 5 月之后就明显看不到或完全记录不到雪豹踪迹，天山地区的雪豹随季节垂直迁移的特点明显。高山区的监测点显示：原有雪豹个体或家庭领域大致不变，也没有发现其他雪豹个体进入的情况，雪豹表现出极强的领地性。在野生食物短缺的情况下，它们会在夜晚或者雨雾天气冒险攻击牧民的家畜，有时甚至一次杀死多只绵羊。牧民们目击雪豹事件的陡然增加，大家的第一反应是雪豹数量突然增加了，其实这只是原有的生态平衡被猛然打破造成的影响。

对雪豹主要食物北山羊的持续观察，初步判断其种群数量只相当于疫情发生前的三分之一。红外相机还第一次记录到了雪豹捕猎旱獭的影像，天山地区夏季活动的旱獭数量很大，看来雪豹也在努力适应着食物减少的窘境。另外，雪豹食物需求量和家畜损失量的对比，可以看出家畜已经成为当地雪豹重要的食物支撑，这是一个看起来很糟糕的结果。

雪山之王

2016 年的夏季很快过去，9 月监测区的牧民基本全部撤离，追兽组在这两年固定的调查区域不断维护相机回收数据，等待当年第一场雪的到来。低海拔区域的监测点有些已经五个月没有记录到雪豹的活动了，夏季它们是否安好？这个冬季它们是否还能回来？

10 月，山区终于迎来了第一场大雪，温度降至零下，2800 米以下的 5 个监测区陆续迎来了失联已久的雪豹个体。“老乐”“二号”“泉水”最先回到了海拔最低的林区河谷地带，这是几只雌性雪豹，是和睦相处的好邻居。11 月底，“大妈”带着她的独生子也回来了，这是相隔六个月后被再次记录到。“大妈”的孩子“一号”已经和妈妈体型相仿，大约一岁半了。“黑子”是一只雄豹，10 月底也回到它喜欢的河谷地带，它的领地比较大，也失联最久。冬季的低山区，雪豹密度很大，显得很拥挤，前一个冬季记录的个体大多又再次回来过冬。当然，也有遗憾，一只名为“跃进”的个体始终没有回到监测区，但愿它安好。

中山区（海拔 2500~2800 米）由雄豹“五月”统领，“柱子”失联五个月后归位。“岩蜥”失联时间最短，原来今年她生育了两只幼崽，可惜监测一个月后其中一只不知去向。去年育有两只幼崽的“白鼬”夏季基本在监测区域附近活动，抚养两个孩子的压力让它频繁袭击领地内的羊群，也是监测区内“肇事”最多的个体。

高山区的雪豹个体比较稳定，监测数据也始终连贯。英雄母亲“解放”在 2015 年完成了两只幼崽的养育（已扩散出监测区），年底再次被记录到带着三只幼崽活动。整个 2016 年，“解放”的三个孩子始终在我们的监测下慢慢长大。进入冬季后，三个小家伙已经不那么顽皮，但依然和母亲一起活动，这是它们离开妈妈前的最后一个冬天。

“冰冰”是我们2014年年初在高山地带记录到的第一只雪豹，后来被识别出是一只雄豹。它的领地最大，跨越高山区和中山区，这一带也是食物相对丰富的地区，但雪豹种群密度并不突出。“解放”和“白鼬”都可能是它的妻妾，最新还记录到一个带一只幼崽的家庭（首次在监测区域记录的新个体，获取全面影像后会取名），这可能是“冰冰”最新接纳的雌豹。今年新发现的两个繁殖家庭，幼崽数量都是一只，这与夏季食物缺乏有关，雪豹在这样的年份可能会选择只抚养一只幼崽。

“冰冰”是我们最了解的一只雪豹个体，它在最高的雪山之巅统领着它的雪豹王国，威严而稳健，很有规律地在领地内游走和捕猎，没有其他雄豹敢越雷池一步。中山区和林区的雪豹个体，家域范围可能比高山区的雪豹更大，新生的雪豹个体离开母亲的领地后会寻找更远的区域落脚，最终占据所有可以占据的栖息地。

2016年的这个冬天，雪豹王国将迎来前所未有的挑战，旱獭冬眠，牧民撤离，北山羊种群还未能恢复，如果它们依然坚守自己的领地，那么它们中的很多个体可能无法坚持到来年春季。雪豹已经表现出了高超的适应性，但是面对随后最困难的几个月，最糟糕的结果可能也是我们必须要面对的。

西锐　记于2016年底

后记：2017年年初的监测发现，少数冬季在山区放牧的牧民的羊群遭遇了雪豹的频繁攻击，人兽冲突再度升级，并且首次记录到一只成年雄性马鹿被雪豹猎杀，对于雪豹来说这是很不可想象的事情。高山区个体和带幼崽的家庭对领地的坚守如故，但野外已经很难见到成功捕猎所留下的痕迹，雪豹的食物严重匮乏。

荒野新疆团队配合林业管理部门（天山东部国有林管理局）紧急行动，在冬季牧民也撤退之后的2月和3月，对“解放”和“白鼬”家庭（2只雌性成年雪豹和5只接近成体的幼崽）进行了实验性定点投食救助，取得了不错的效果。

附录

部分物种中文名和学名对照

A

阿波罗绢蝶	*Parnassius apollo*
阿尔泰林蛙	*Rana altaica*
阿尔泰雪鸡	*Tetraogallus altaicus*
阿尔泰珍珠蛱蝶	*Clossiana frigga*
阿拉善蝮	*Gloydius intermedius*
艾鲁珍蛱蝶	*Clossiana erubescens*
艾鼬	*Mustela eversmani*
爱侣绢蝶	*Parnassius ariadne*
暗腹雪鸡	*Tetraogallus himalayensis*

B

八字岩眼蝶	*Chazara briseis*
白斑翅拟蜡嘴雀	*Mycerobas carnipes*
白斑翅雪雀	*Montifringilla nivalis*
白斑狗鱼	*Esox lucius*
白背啄木鸟	*Dendrocopos leucotos*
白翅浮鸥	*Chlidonias leucopterus*
白翅啄木鸟	*Dendrocopos leucopterus*
白刺	*Nitraria schoberi*
白顶鹀	*Emberiza stewarti*
白顶溪鸲	*Chaimarrornis leucocephalus*
白钩蛱蝶	*Polygonia c-album*
白冠攀雀	*Remiz coronatus*
白肩雕	*Aquila heliaca*
白矩朱蛱蝶	*Nymphalis vau-album*
白秋沙鸭	*Mergellus albellus*
白室岩眼蝶	*Chazara heydenreichii*
白薯天蛾	*Agrius convolvuli*
白条锦蛇	*Elaphe dione*
白头鹞	*Circus aeruginosus*
白头硬尾鸭	*Oxyura leucocephala*
白尾地鸦	*Podoces biddulphi*
白尾海雕	*Haliaeetus albicilla*
白尾灰蜻	*Orthetrum albistylum*
白尾鹞	*Circus cyaneus*
白兀鹫	*Neophron percnopterus*
白腰雪雀	*Onychostruthus taczanowskii*
白鼬	*Mustela erminea*
斑翅山鹑	*Perdix dauurica*
斑重唇鱼	*Diptychus maculatus*
斑脸海番鸭	*Melanitta fusca*
斑头雁	*Anser indicus*
斑尾林鸽	*Columba palumbus*
斑鹟	*Muscicapa striata*
北极茴鱼	*Thymallus arcticus*
北山羊	*Capra sibirica*
贝加尔雅罗鱼	*Leuciscus baicalensis*
变色沙蜥	*Phrynocephalus versicolor*
波斑鸨	*Chlamydotis macqueeni*

波翅红眼蝶 *Erebia ligea*

C

苍鹰 *Accipiter gentilis*

草兔 *Lepus capensis*

草原雕 *Aquila nipalensis*

草原蝰 *Vipera ursini*

草原蜥 *Trapelus sanguinolentus*

草原鹞 *Circus macrourus*

长耳鸮 *Asio otus*

长裸趾虎 *Cyrtodactylus elongatus*

长尾旱獭 *Marmota caudata*

长尾黄鼠 *Spermophilus undulatus*

长尾雀 *Uragus sibiricus*

长嘴百灵 *Melanocorypha maxima*

柽柳 *Tamarix chinensis*

赤狐 *Vulpes vulpes*

赤颊黄鼠 *Spermophilus erythrogenys*

赤麻鸭 *Tadorna ferruginea*

赤嘴潜鸭 *Netta rufina*

虫纹麻蜥 *Eremias vermiculata*

翠雀绢蝶 *Parnassius delphius*

D

达蒙眼灰蝶 *Polyommatus damone*

达乌里寒鸦 *Corvus dauurica*

大白鹭 *Egretta alba*

大斑啄木鸟 *Dendrocopos major*

大鸨 *Otis tarda*

大蟾蜍 *Bufo bufo*

大杜鹃 *Cuculus canorus*

大耳沙蜥 *Phrynocephalus mystaceus*

大耳鼠兔 *Ochotona daurica*

大耳猬 *Hemiechinus auritus*

大鵟 *Buteo hemilasius*

大沙鼠 *Rhombomys opimus*

大沙锥 *Gallinago megala*

大天鹅 *Cygnus cygnus*

大朱雀 *Carpodacus rubicilla*

大嘴乌鸦 *Corvus macrorhynchos*

戴菊 *Regulus regulus*

单环蛱蝶 *Neptis rivularis*

德国镜鲤 *Cyprinus carpio*

狄网蛱蝶 *Melitaea didyma*

地山雀 *Pseudopodoces humilis*

貂熊 *Gulo gulo*

雕鸮 *Bubo bubo*

东方欧鳊 *Abramis brama orientalis*

豆粉蝶 *Colias hyale*

豆灰蝶 *Plebejus argus*

渡鸦 *Corvus corax*

短耳鸮 *Asio flammeus*

短尾贼鸥 *Stercorarius parasiticus*

短趾雕 *Circaetus gallicus*

E

鹅喉羚 *Gazella subgutturosa*

F

翻石鹬	*Arenaria interpres*
粉红椋鸟	*Sturnus roseus*
凤头百灵	*Galerida cristata*
凤头蜂鹰	*Pernis ptilorhynchus*
凤头䴙䴘	*Podiceps cristatus*
福布绢蝶	*Parnassius phoebus*
福蛱蝶	*Fabriciana niobe*
富丽灰蝶	*Apharitis epargyros*

G

高山鼠兔	*Ochotona alpina*
高山兀鹫	*Gyps himalayensis*
高原山鹑	*Perdix hodgsoniae*
高原鼠兔	*Ochotona curzoniae*
高原兔	*Lepus oiostolus*
钩粉蝶	*Gonepteryx rhamni*
狗獾	*Meles leucurus*

H

寒鸦	*Corvus monedula*
旱地沙蜥	*Phrynocephalus helioscopus*
合景天	*Pseudosedum lievenii*
河狸	*Castor fiber*
褐翅雪雀	*Montifringilla adamsi*
褐带赤蜻	*Sympetrum pedemontanum*
黑翅长脚鹬	*Himantopus himantopus*
黑顶麻雀	*Passer ammodendri*
黑额伯劳	*Lanius minor*
黑浮鸥	*Chlidonias niger*
黑腹沙鸡	*Pterocles orientalis*
黑喉潜鸟	*Gavia arctica*
黑喉雪雀	*Pyrgilauda davidiana*
黑颈鹤	*Grus nigricollis*
黑颈䴙䴘	*Podiceps nigricollis*
黑琴鸡	*Lyrurus tetrix*
黑尾地鸦	*Podoces hendersoni*
黑胸麻雀	*Passer hispaniolensis*
黑鸢	*Milvus migrans*
黑啄木鸟	*Dryocopus martius*
横斑林莺	*Sylvia nisoria*
红背伯劳	*Lanius collurio*
红背红尾鸲	*Phoenicurus erythronotus*
红额金翅雀	*Carduelis carduelis*
红腹红尾鸲	*Phoenicurus erythrogastrus*
红腹灰雀	*Pyrrhula pyrrhula*
红喉歌鸲	*Luscinia calliope*
红灰蝶	*Lycaena phlaeas*
红交嘴雀	*Loxia curvirostra*
红襟粉蝶	*Anthocharis cardamines*
红景天	*Rhodiola rosea*
红鳍雅罗鱼	*Leuciscus idus*
红隼	*Falco tinnunculus*
红尾沙鼠	*Meriones libycus*
红腰朱雀	*Carpodacus rhodochlamys*

红嘴巨鸥	*Sterna caspia*
红嘴鸥	*Larus ridibundus*
红嘴山鸦	*Pyrrhocorax pyrrhocorax*
胡兀鹫	*Gypaetus barbatus*
胡杨	*Populus euphratica*
虎鼬	*Vormela peregusna*
花背蟾蜍	*Bufo raddei*
花彩雀莺	*Leptopoecile sophiae*
花脊游蛇	*Coluber ravergieri*
花鼠	*Eutamia sibiricus*
花条蛇	*Psammophis lineolatus*
环颈雉	*Phasianus colchicus*
鹮嘴鹬	*Ibidorhyncha struthersii*
荒漠伯劳	*Lanius isabellinus*
荒漠猫	*Felis bieti*
黄衬云眼蝶	*Hyponephele lupines*
黄喉蜂虎	*Merops apiaster*
黄环链眼蝶	*Lopinga achine*
黄脚银鸥	*Larus cachinnans*
黄羊	*Procapra gutturosa*
黄鼬	*Mustela sibirica*
黄缘蛱蝶	*Nymphalis antiopa*
黄爪隼	*Falco naumanni*
黄嘴山鸦	*Pyrrhocorax graculus*
灰斑鸠	*Streptopelia decaocto*
灰背伯劳	*Lanius tephronotus*
灰旱獭	*Marmota baibacina*
灰鹤	*Grus grus*
灰裸趾虎	*Cyrtodactylus russowii*
灰山鹑	*Pedix perdix*
灰头绿啄木鸟	*Picus canus*
灰雁	*Anser anser*
混合蜓	*Aeshna mixta*

J

基斑蜻	*Libellula depressa*
极北蝰	*Vipera berus*
家麻雀	*Passer domesticus*
家燕	*Hirundo rustica*
荚果蕨	*Matteuccia struthiopteris*
箭纹云粉蝶	*Pontia callidice*
江鳕	*Lota lota*
角马蜂	*Polistes antennalis*
角䴙䴘	*Podiceps auritus*
捷蜥蜴	*Lacerta agilis*
金雕	*Aquila chrysaetos*
金凤蝶	*Papilio machaon*
巨嘴沙雀	*Rhodopechys obsoleta*
绢粉蝶	*Aporia crataegi*

K

卡都云眼蝶	*Hyponephele caducina*
克星点弄蝶	*Muschampia cribrellum*
孔雀蛱蝶	*Inachis io*
孔雀绢蝶	*Parnassius loxias*
快步麻蜥	*Eremias velox*

L

蓝喉歌鸲	*Luscinia svecica*
蓝眉林鸲	*Tarsiger rufilatus*
蓝头红尾鸲	*Phoenicurus caeruleocephalus*
蓝胸佛法僧	*Coracias garrulus*
狼	*Canis lupus*
老鼠瓜	*Capparis hainanensis*
猎隼	*Falco cherrug*
伶鼬	*Mustela nivalis*
柳雷鸟	*Lagopus lagopus*
罗布麻	*Apocynum venetum*
珞灰蝶	*Scolitantides orion*
绿斑珍眼蝶	*Coenonympha sunbecca*
绿豹蛱蝶	*Argynnis paphia*
绿头鸭	*Anas platyrhynchos*

M

麻黄草	*Ephedra sinica*
麻雀	*Passer montanus*
马鹿	*Cervus elaphus*
毛脚燕	*Delichon urbicum*
毛腿沙鸡	*Syrrhaptes paradoxus*
煤山雀	*Parus ater*
蒙古沙雀	*Rhodopechys mongolica*
蒙古鼠兔	*Ochotona pallasi*
蒙古野驴	*Equus hemionus*
猛鸮	*Surnia ulula*
密点麻蜥	*Eremias multiocellata*
敏麻蜥	*Eremias arguta*

O

欧斑鸠	*Streptopelia turtur*
欧鸽	*Columba oenas*
欧亚红尾鸲	*Phoenicurus phoenicurus*
欧珍蛱蝶	*Clossiana euphrosane*
欧洲菜粉蝶	*Pieris brassicae*
鸥嘴噪鸥	*Gelochelidon nilotica*

P

潘豹蛱蝶	*Pandoriana Pandora*
潘非珍眼蝶	*Coenonympha pamphilus*
盘羊	*Ovis ammon*
狍	*Capreolus capreolus*
琵嘴鸭	*Spatula clypeata*
圃鹀	*Emberiza hortulana*
普氏野马	*Equus przewalskii*
普通蝙蝠	*Vespertilio murinus*
普通翠鸟	*Alcedo atthis*
普通秋沙鸭	*Mergus merganser*
普通䴓	*Sitta europaea*
普通鼯鼠	*Pteromys volans*
普通燕鸥	*Sterna hirundo*

Q

奇台沙蜥	*Phrynocephalus grumgrzimailoi*

棋斑游蛇	*Natrix tessellata*
荨麻蛱蝶	*Aglais urticae*
雀鹰	*Accipiter nisus*

R

仁眼蝶	*Eumenis autonoe*
肉苁蓉	*Cistanche deserticola*

S

赛加羚羊	*Saiga tatarica*
三趾啄木鸟	*Picoides tridactylus*
沙狐	*Vulpes corsac*
沙棘	*Hippophae rhamnoides*
山斑鸠	*Streptopelia orientalis*
猞猁	*Lynx lynx*
蛇眼蝶	*Minois dryas*
麝鼠	*Ondatra zibethicus*
石貂	*Martes foina*
石鸡	*Alectoris chukar*
石雀	*Petronia petronia*
寿眼蝶	*Pseudochazara hippolyte*
黍鹀	*Miliaria calandra*
水貂	*Mustela lutreola*
水獭	*Lutra lutra*
水游蛇	*Natrix natrix*
四爪陆龟	*Testudo horsfieldii*
松鼠	*Sciurus vulgaris*
松鸦	*Garrulus glandarius*
梭尔昙灰蝶	*Thersamonia solskyi*
蓑羽鹤	*Grus virgo*
锁阳	*Cynomorium songaricum*

T

塔里木蟾蜍	*Bufo pewzowi*
塔里木鬣蜥	*Laudakia stoliczkana*
塔里木兔	*Lepus yarkandensis*
胎生蜥蜴	*Lacerta vivipara*
台风蜣螂	*Scarabeaus typhon*
天山绢蝶	*Parnassius tianschanicus*
田鸫	*Turdus pilaris*
条斑钳蝎	*Mesobuthus eupeus*
秃鼻乌鸦	*Corvus frugilegus*
秃鹫	*Aegypius monachus*
图兰红眼蝶	*Erebia turanica*
吐鲁番沙虎	*Teratoscincus roborowskii*
兔狲	*Otocolobus manul*
驼鹿	*Alces alces*
酡红眼蝶	*Erebia theano*

W

瓦松	*Orostachys fimbriata*
网纹麻蜥	*Eremias grammica*
文须雀	*Panurus biarmicus*
乌鸫	*Turdus merula*
乌灰鹞	*Circus pygargus*
乌拉尔沙蜥	*Phrynocephalus guttatus*

X

西鹌鹑 *Coturnix coturnix*
西伯利亚红松 *Pinus sibirica*
西伯利亚冷杉 *Abies sibirica*
西伯利亚落叶松 *Larix sibirica*
西伯利亚云杉 *Picea obovata*
西方松鸡 *Tetrao urogallus*
西亚宽耳蝠 *Barbastella leucomelas*
西藏毛腿沙鸡 *Syrrhaptes tibetanus*
锡嘴雀 *Coccothraustes coccothraustes*
曦和绢蝶 *Parnassius apollonius*
喜马拉雅旱獭 *Marmota himalayana*
喜鹊 *Pica pica*
细嘴鸥 *Larus genei*
夏梦绢蝶 *Parnassius jacquemontii*
香鼬 *Mustela altaica*
小斑蜻 *Libellula quadrimaculata*
小斑啄木鸟 *Dendrocopos minor*
小鸨 *Tetrax tetrax*
小豆长喙天蛾 *Macroglossum stellatarum*
小红蛱蝶 *Vanessa cardui*
小花瓦莲 *Rosularia turkestanica*
小鸥 *Larus minutus*
小䴙䴘 *Tachybaptus ruficollis*
小天鹅 *Cygnus columbianus*
小嘴乌鸦 *Corvus corone*
心斑绿蟌 *Enallagma cyathigerum*
新疆歌鸲 *Luscinia megarhynchos*
新疆沙虎 *Teratoscincus przewalskii*
新疆原生郁金香 *Tulipa sinkiangensis*
星鸦 *Nucifraga caryocatactes*
旋木雀 *Certhia familiaris*
靴篱莺 *Hippolais caligata*
靴隼雕 *Hieraaetus pennatus*
穴居狼蛛 *Lycosa singoriensis*
雪豹 *Panthera uncia*
雪鸽 *Columba leuconota*
雪莲 *Saussurea involucrata*
雪岭云杉 *Picea schrenkiana*
雪兔 *Lepus timidus*
雪兔子 *Saussurea gossipiphora*
雪鸮 *Bubo scandiaca*

Y

崖沙燕 *Riparia riparia*
岩鸽 *Columba rupestris*
岩雷鸟 *Lagopus muta*
岩燕 *Hirundo rupestris*
岩羊 *Pseudois nayaur*
盐生草 *Halogeton glomeratus*
燕隼 *Falco subbuteo*
野骆驼 *Camelus ferus*
野猫 *Felis silvestris*
野牦牛 *Bos mutus*
野猪 *Sus scrofa*
叶城沙蜥 *Phrynocephalus axillaris*
叶裂腹金蛛 *Argiope lobata*
伊犁河裸重唇鱼 *Gymnodiptychus dybowskii*

伊犁沙虎	*Teratoscincus scincus*
伊犁鼠兔	*Ochotona iliensis*
伊诺小豹蛱蝶	*Brenthis ino*
依帕绢蝶	*Parnassius epaphus*
遗鸥	*Larus relictus*
蚁䴕	*Jynx torquilla*
旖凤蝶	*Iphiclides podalirius*
银斑豹蛱蝶	*Speyeria aglaja*
银鸥	*Larus argentatus*
隐耳漠虎	*Alsophylax pipiens*
印度金黄鹂	*Oriolus kundoo*
油庆珍眼蝶	*Coenonympha glycerion*
疣鼻天鹅	*Cygnus olor*
渔鸥	*Larus ichthyaetus*
玉带海雕	*Haliaeetus leucoryphus*
原鸽	*Columba livia*
圆叶八宝	*Hylotelephium ewersii*

Z

杂交景天	*Sedum hybridum*
藏狐	*Vulpes ferrilata*
藏羚羊	*Pantholops hodgsonii*
藏雪鸡	*Tetraogallus tibetanus*
藏雪雀	*Montifringilla henrici*
藏野驴	*Equus kiang*
藏原羚	*Procapra picticaudata*
赭红尾鸲	*Phoenicurus ochruros*
针尾鸭	*Anas acuta*
中华蜜蜂	*Apis cerana*
中亚北鲵	*Ranodon sibiricus*
中亚侧褶蛙	*Pelophylax terentievi*
中亚绢粉蝶	*Aporia leucodice*
中亚丽绢蝶	*Parnassius actius*
中亚林蛙	*Rana asiatica*
朱蛱蝶	*Nymphalis xanthomelas*
珠蛱蝶	*Issoria lathonia*
子午沙鼠	*Meriones meridianus*
紫翅椋鸟	*Sturnus vulgaris*
紫貂	*Martes zibellina*
棕斑鸠	*Steptopelia senegalensis*
棕背雪雀	*Pyrgilauda blanfordi*
棕颈雪雀	*Pyrgilauda ruficollis*
棕薮鸲	*Cercotrichas galactotes*
棕头鸥	*Larus brunnicephalus*
棕尾伯劳	*Lanius phoenicuroides*
棕尾鵟	*Buteo rufinus*
棕熊	*Ursus arctos*
棕枕山雀	*Parus rufonuchalis*
纵纹腹小鸮	*Athene noctua*
纵纹角鸮	*Otus brucei*

摄影作者：

数码兔子、焦翔辉影、行色火山、丁进清、云间部落、阎旭光、北方老狼、沙驼、侯翼国、马立新、李维东、蒋卫、张耀东、李都、李翔（阿丑）、郭宏、高守东、红警、张老头、彭建生、金旭、陈尽、村长、老高兄、自由人、摇滚开心、探路者、吕自捷、杨晓峰（海之风）、山猫、姜春燕、王志良、计云、李迪强、严学峰、西锐、丫丫、徐峰、乐呵呵、冰雪、蓝莓、飞胡、罗彪、柱子、王瑞、石峰、大瑶、新疆岩蜥、阿文、独角马、黑子、甄晨光、艾孜江、张真源、康宁

手绘插画：

丫丫鱼、闪雀、张瑜、雅馨、端庄的小海雀、张建波、丫丫、李桢楠、许宁

参考文献：

Andrew T. Smith 解焱 . 中国兽类野外手册 [M]. 长沙：湖南教育出版社，2009

阿不都拉·阿巴斯 . 新疆地衣 [M]. 乌鲁木齐：新疆科技卫生出版社，1998

高行宜 . 新疆脊椎动物种和亚种分类与分布名录 [M]. 乌鲁木齐：新疆科学技术出版社，2005

郭焱 . 新疆鱼类志 [M]. 乌鲁木齐：新疆科学技术出版社，2012

胡红英 黄人鑫 . 新疆昆虫原色图鉴 [M]. 乌鲁木齐：新疆大学出版社，2013

黄人鑫 . 新疆蝴蝶 [M]. 乌鲁木齐：新疆科技卫生出版社，2000

李维东 . 新疆阿尔金山国家自然保护区综合科学考察 [M]. 乌鲁木齐：新疆科学技术出版社，2013

马鸣 . 图览新疆野生动物 [M]. 乌鲁木齐 : 新疆青少年出版社， 2016

马鸣 . 新疆野生鸟类分布名录 [M]. 北京：科学出版社，2011

米吉提·胡达拜尔地 . 新疆高等植物检索表 [M]. 乌鲁木齐：新疆大学出版社，2000

王思博 . 新疆啮齿动物志 [M]. 乌鲁木齐：新疆人民出版社，1983

武春生 徐堉峰 . 中国蝴蝶图鉴 [M]. 福州：海峡书局，2017

邢睿 黄亚慧 . 新疆特色鸟观鸟旅行攻略 [M]. 乌鲁木齐：新疆青少年出版社，2014

袁国映 . 新疆生物多样性分布与评价 [M]. 乌鲁木齐：新疆科学技术出版社，2012